数控加工宏程序从入门到精通

张喜江

韩志庆

编著

化学工业出版社

·北京·

内容简介

本书采用讲解与练习相结合的案例教学方式，按照计算机高级语言的学习过程，系统地介绍宏程序的变量、函数、循环功能。所有的案例都以数控加工工艺为主线，强调用宏程序解决问题的具体工作过程。书中的案例都以解决某一类零件的编程效率为出发点，创新编程技能，拓展编程思维。部分案例辅以视频讲解，供读者参考。

本书可作为数控加工从业人员的宏程序自学手册，也可作为职业院校数控加工等专业机械加工课程的教材。

图书在版编目（CIP）数据

数控加工宏程序从入门到精通 / 张喜江，韩志庆编著. -- 北京：化学工业出版社，2025.3. -- ISBN 978-7-122-47275-5

Ⅰ. TG659

中国国家版本馆 CIP 数据核字第 20251A0F91 号

责任编辑：毛振威　　　　　　　　　装帧设计：张　辉
责任校对：李露洁

出版发行：化学工业出版社
　　　　　（北京市东城区青年湖南街 13 号　邮政编码 100011）
印　　装：三河市君旺印务有限公司
787mm×1092mm　1/16　印张 14¼　字数 358 千字
2025 年 5 月北京第 1 版第 1 次印刷

购书咨询：010-64518888　　　　　　　　售后服务：010-64518899
网　　址：http://www.cip.com.cn

凡购买本书，如有缺损质量问题，本社销售中心负责调换。

定　　价：79.80 元　　　　　　　　　　　　　　　　版权所有　违者必究

前言

　　数控加工在制造业中占有重要地位，企业需要更多掌握数控加工技术的高技能人才。数控程序的编写已经成为高端数控技能人才必备的知识，宏编程更是提高编程技能与操作技能不可或缺的工具。

　　随着计算机技术的发展，CAD/CAM 编程已经成为当前主流的编程方式，但是它并不能替代宏编程。宏编程作为手工编程的扩展，可以提供更灵活的编程方式，它可以使我们的编程工作变得非常简单、高效。

　　其中，用户宏程序更是我们工艺能力、工作经验的体现，用户宏程序也是今后宏编程应用的主要方向，可以把我们成熟的技能、经验集成到一个小程序中，简化我们的编程、操作，提升工作效率。很多数控系统厂商，则把这些成熟的用户宏程序直接集成到了操作界面。

　　不同的数控系统会提供不同的宏程序编写格式，甚至不同的系统型号也会有所差异，但是在编程思路与技巧上是一致的。本书采用市场占有率较高的 FANUC 0i 系统作为学习宏程序的工具。尽管学习宏程序会花费一些时间，但这是非常值得的。

　　本书第 1 章介绍了宏程序中的相关概念、定义等，系统介绍了变量、函数、循环功能，以及快速掌握宏程序的学习技巧。第 2～10 章均为结合具体的案例，讲解宏程序的应用、操作。第 2 章介绍了相似零件的阵列加工，包括矩形阵列、圆弧阵列，加工顺序等加工技巧。第 3 章介绍了公式曲线的加工思路，利用已知公式曲线，完成特定曲线、曲面加工的技巧。第 4 章介绍了如何通过系统变量读写工件坐标系、刀具长度补偿、刀具半径补偿等加工参数。第 5 章介绍了如何定制循环，把自己工作中常见的加工策略以子程序的形式固化成一个循环，用于快速完成某一类型零件的高效编程，此功能等同于数控系统内置的蓝图编程或参数编程。第 6 章则是在第 5 章的基础上，把循环功能的调用定义成一个 G 代码或 M 代码，简化宏程序循环的调用。第 7 章介绍了机内自动对刀、加工尺寸检测功能。第 8 章介绍了自动换刀、工作台交换等辅助功能。第 9 章介绍了宏程序在 4 轴立式、卧式加工中心上的应用。第 10 章介绍了宏程序在数控车削中的应用。

本书中的案例是笔者多年工作经验的积累，既可以作为数控编程人员的参考书，也可以作为宏编程的入门学习资料。书中案例大部分来自生产实际，是可供生产环境下使用的很好的企业培训教材。尽管书中的案例都经过多次调试，但在编写过程中难免出现纰漏，读者在实际加工前，一定要细心调试。部分案例配有视频演示和讲解，可扫描二维码观看。

我们使用宏程序的目的是把我们的工作变得轻松、高效和充满乐趣！

编著者

目录

第1章　宏程序介绍 ·· 001

　1.1　宏程序的定义 ·· 001
　　　1.1.1　什么是宏程序 ·· 001
　　　1.1.2　宏程序种类 ·· 001
　　　1.1.3　宏程序能解决什么问题 ··· 002
　1.2　变量 ·· 003
　　　1.2.1　变量的定义 ·· 003
　　　1.2.2　变量的赋值 ·· 003
　　　1.2.3　变量的种类 ·· 006
　　　1.2.4　系统变量 ·· 010
　1.3　宏程序函数 ··· 012
　　　1.3.1　算术函数 ·· 012
　　　1.3.2　三角函数 ·· 013
　　　1.3.3　四舍五入函数 ·· 015
　　　1.3.4　辅助函数 ·· 017
　　　1.3.5　比较函数 ·· 019
　　　1.3.6　逻辑函数 ·· 019
　1.4　宏程序的分支与循环 ·· 020
　　　1.4.1　分支函数 IF ·· 020
　　　1.4.2　WHILE 循环 ··· 026
　1.5　FANUC 0i 常用系统变量的介绍 ·· 042
　　　1.5.1　用于数据设置的系统变量 ··· 042
　　　1.5.2　用于模态数据的系统变量 ··· 049
　　　1.5.3　用于 PLC 的系统变量 ··· 054

- 1.6 调用用户宏程序 …… 055
  - 1.6.1 普通子程序的调用 …… 055
  - 1.6.2 用户宏程序的调用 …… 058
  - 1.6.3 用户宏程序的模态调用 …… 062
  - 1.6.4 用户宏程序的保护与隐藏 …… 065
- 1.7 宏程序的调试验证 …… 067
  - 1.7.1 在数控机床上调试验证宏程序 …… 067
  - 1.7.2 VERICUT 软件模拟 …… 067
  - 1.7.3 Cimco Edit 软件模拟 …… 068
- 1.8 如何编写出好的宏程序 …… 069

第 2 章　相似零件的加工案例 …… 071

- 2.1 模具底板 …… 071
- 2.2 冲模型芯 …… 074
- 2.3 钻模板 …… 076
- 2.4 马达垫片 …… 078
- 2.5 样板加工 …… 079
- 2.6 螺旋铣孔 …… 080
- 2.7 螺纹的铣削 …… 082

第 3 章　曲线曲面插补的加工案例 …… 084

- 3.1 椭圆插补 …… 084
- 3.2 抛物线插补 …… 086
- 3.3 正弦曲线插补 …… 088
- 3.4 混合曲线插补 …… 089
- 3.5 铣削给定公式曲线 …… 091
- 3.6 端面螺纹的铣孔 …… 092
- 3.7 球面插补 …… 093
- 3.8 正弦曲面插补 …… 096
- 3.9 直纹面插补 …… 098

第 4 章　设置机床加工参数 …… 101

- 4.1 倒角 …… 101
- 4.2 倒圆 …… 105
- 4.3 综合练习 …… 108
  - 4.3.1 使用 $\phi10$ 立铣刀粗铣 $R8$ 弧面 …… 108

  4.3.2 使用 φ10 立铣刀粗铣 SR50 球面 …… 109
  4.3.3 使用 φ10 球刀精铣 R8 弧面 …… 111
  4.3.4 使用 φ10 球刀粗铣 SR50 球面 …… 112

第 5 章 定制固定循环 …… 113

5.1 钻孔循环 …… 113
  5.1.1 钻孔循环案例一 …… 114
  5.1.2 钻孔循环案例二 …… 115
5.2 深孔排屑循环 …… 116
5.3 深孔断屑循环 …… 116
  5.3.1 深孔断屑循环案例一 …… 117
  5.3.2 深孔断屑循环案例二 …… 118
5.4 精镗孔循环 …… 119
5.5 反镗孔循环及案例 …… 119
5.6 铣孔循环 …… 121
5.7 螺旋铣孔用户宏程序 …… 123
  5.7.1 螺旋铣孔用户宏程序案例一 …… 124
  5.7.2 螺旋铣孔用户宏程序案例二 …… 125
5.8 铣槽循环用户宏程序 …… 126
  5.8.1 铣槽循环用户宏程序案例一 …… 127
  5.8.2 铣槽循环用户宏程序案例二 …… 128

第 6 章 定制 G 代码 …… 130

6.1 定制圆周均布加工代码 G11 …… 131
  6.1.1 定制圆周均布加工案例一 …… 132
  6.1.2 定制圆周均布加工案例二 …… 133
6.2 定制矩阵孔加工代码 G12 …… 135
  6.2.1 编写用户宏程序 …… 135
  6.2.2 综合练习 …… 136
6.3 定制矩阵加工 G13 …… 137
  6.3.1 编写用户程序 …… 137
  6.3.2 定制矩阵加工 G13 案例一 …… 139
  6.3.3 定制矩阵加工 G13 案例二 …… 140
6.4 定制刀具切削寿命统计代码 …… 141
6.5 定制螺纹铣削 G 代码 …… 144
  6.5.1 单牙螺纹铣刀铣内螺纹的普通宏程序 …… 144

		6.5.2	单牙螺纹铣刀铣内螺纹的用户宏程序 ……………………………………	146

- 6.5.2 单牙螺纹铣刀铣内螺纹的用户宏程序 …………………………………… 146
- 6.5.3 用户宏程序的改进1——加入保护功能 …………………………………… 147
- 6.5.4 用户宏程序的改进2——增加内螺纹的全牙螺纹刀插补功能 ………… 149
- 6.5.5 用户宏程序的改进3——增加外螺纹的单牙螺纹刀插补功能 ………… 150
- 6.5.6 用户宏程序的改进4——增加外螺纹的全牙螺纹刀插补功能 ………… 152
- 6.5.7 定制螺纹铣削G代码综合练习 …………………………………………… 155

6.6 定制螺旋铣孔G代码 …………………………………………………………… 157
- 6.6.1 公式法插补 ………………………………………………………………… 157
- 6.6.2 圆弧拟合法插补 …………………………………………………………… 161

第7章 检测与测量 …………………………………………………………………… 165

7.1 探头刀具的对刀与检测 ………………………………………………………… 165
- 7.1.1 工艺条件 …………………………………………………………………… 165
- 7.1.2 对刀测量过程 ……………………………………………………………… 166
- 7.1.3 探针对刀程序 ……………………………………………………………… 167
- 7.1.4 探针测量程序1 …………………………………………………………… 168
- 7.1.5 探针测量程序2 …………………………………………………………… 169

7.2 机内自动对刀Z轴仪 …………………………………………………………… 170
- 7.2.1 编写一个最简单的对刀宏程序 …………………………………………… 170
- 7.2.2 定制G110代码 …………………………………………………………… 171
- 7.2.3 自动对刀仪的校准 ………………………………………………………… 171
- 7.2.4 半自动对刀 ………………………………………………………………… 172
- 7.2.5 全自动对刀 ………………………………………………………………… 172

第8章 捷径应用 ……………………………………………………………………… 173

8.1 加工中心换刀程序 ……………………………………………………………… 173
8.2 交换工作台程序 ………………………………………………………………… 174

第9章 4轴加工 ……………………………………………………………………… 177

9.1 阀芯加工 ………………………………………………………………………… 177
9.2 槽轮加工 ………………………………………………………………………… 180
9.3 偏心轴孔加工 …………………………………………………………………… 186
9.4 箱体 ……………………………………………………………………………… 189
9.5 圆柱类零件快速找中心 ………………………………………………………… 194

第 10 章　数控车削加工案例 ·········· 198

 10.1　椭圆加工案例一 ·········· 198
 10.2　椭圆加工案例二 ·········· 200
 10.3　抛物线加工案例一 ·········· 202
 10.4　抛物线加工案例二 ·········· 203
 10.5　梯形螺纹加工 ·········· 204
 10.6　圆柱面上的圆弧螺纹加工 ·········· 206
 10.7　椭圆面上的圆弧螺纹加工 ·········· 208
 10.8　圆弧面上的圆弧螺纹加工 ·········· 210
 10.9　异形螺纹加工 ·········· 211
 10.10　外圆封闭螺旋线 ·········· 213
 10.11　变螺距螺纹（等槽宽） ·········· 214

附录　FANUC 0i 系统常用代码 ·········· 216

 附录 1　FANUC 0i 系统常用 G 代码 ·········· 216
 附录 2　FANUC 0i 系统常用 M 代码 ·········· 217
 附录 3　FANUC 0i 系统其他常用代码 ·········· 217

参考文献 ·········· 218

赠送视频讲解 扫码在线学习

 练习1.36 WHILE循环与IF循环的差别

 练习1.44 VERICUT演示案例：百钱买百鸡

 2.2节案例 分层加工

 2.6节案例 螺旋插补孔

 6.6.1小节案例 公式法螺旋扩孔功能演示

 6.6.2小节案例 圆弧插补螺旋扩孔功能演示

 9.2节案例 槽轮加工

 9.3节案例 偏心轴孔加工

 9.5节案例 卧式加工圆柱零件找中心

 10.1节 椭圆加工案例一（1）

 10.1节 椭圆加工案例一（2）

 10.2节 椭圆加工案例二（1）

 10.2节 椭圆加工案例二（2）

 10.3节 抛物线加工案例一

 10.4节 抛物线加工案例二

 10.5节 梯形螺纹加工

 拓展学习：宏程序还有必要学吗

 拓展学习：4轴加工——螺旋搅龙的粗精加工

 拓展学习：G115卧加的定向加工演示

 拓展学习：G117盘类零件的分度加工

 拓展学习：西门子828D数控系统定向加工宏程序演示

 拓展学习：西门子828D数控系统铣螺纹的用户宏程序演示

第 1 章 宏程序介绍

宏编程作为手工编程的一部分，是手工编程的扩展和延伸，是对手工编程必要的补充。尽管 CAD/CAM 软件已经非常普及，但是并不能完全替代宏编程。宏编程使我们学会思考，并在编程中得到宝贵的训练，更好地理解编程过程，积累更多的编程经验。要想成为一名优秀的编程员，熟练掌握技能是重要的前提条件，而基本技能则蕴含在对手工编程特别是宏程序的理解中。

对于初学者，要学好宏程序，必须先熟知 G 代码、M 代码、子程序和编程基础知识，具有基本的加工经验。

有关本章练习中的程序，可能仅仅是为了解释某个知识点，或为了某一项练习，并不代表是成熟的程序。

1.1 宏程序的定义

1.1.1 什么是宏程序

通常把含有宏语句的程序称之为宏程序，也有系统把参数化编程称之为编写宏程序（宏编程）。

宏编程就是一种手工编写零件加工程序的方法，它附加于标准 CNC 程序，使数控编程功能更强大、更灵活。从编程特点上说，具有计算机高级语言（可以理解为简化版的 BASIC 语言）编程的特征。

1.1.2 宏程序种类

第一类：用户宏程序，宏程序应用的最高形式。它以子程序的方式出现，使用时通过主程序调用，并可以通过主程序传递加工数据。

用户宏程序通常为完成某一类型的加工任务而设计，需要事先编好，并在各种情况下进行可行性验证，而后作为子程序保存，使用时用 G65 调用，通用性较好。

可以说，用户宏程序是用户知识、技巧、经验的积累和总结！

用户宏程序的特点：短小，精练，高效。通俗地说，就是小程序解决大问题。

对比下面两个程序，观察主程序 O1 与用户宏程序 O1001 的特点。

```
O1  （主程序）
G90 G00 G54 X0 Y0
G65 P1001 A5 J80
M30
```

```
O1001  （用户宏程序）
G01 Y-#1 F#5
G02 J#1
M99
```

第二类：普通宏程序，是学习宏程序的初步阶段，通常以主程序的形式出现。普通宏程序只考虑当前加工的需要，通常较简单，一般只能解决一个问题，不具有通用性。通过此阶段的学习为编制用户宏程序打下良好的基础。示例：

```
O1  （普通宏程序）
#1＝10
G90 G00 G54 X0 Y0
Z100
G01 Z-5 F80
Y-#1
G02 J#1
G00 Z100
M30
```

1.1.3　宏程序能解决什么问题

宏程序之所以值得学习，是因为它可以帮助我们解决某类问题，可以简化我们的工作。下面是经常用到宏程序的一些情况，但并不是全部。

① 相似零件的加工。主要是完成零件某一部位的重复加工，或有规律地重复某一个动作。

② 非标轨迹插补。也称曲线曲面的插补加工，根据给定的数学公式、数学模型等已知条件，使用 G01 或 G02 来完成曲线、曲面的插补。

③ 设置机床加工参数（刀具参数、坐标参数）。把工件坐标系、刀具长度补偿、刀具半径补偿等一些参数通过特定的宏程序语句写在程序中。系统在执行这些宏语句后，根据提供的信息填写到对应的偏置寄存器中。

④ 定制固定循环。根据自己的特定加工领域，以用户宏程序的形式编写一些自己常用的加工循环，例如铣槽循环、钻孔循环、镗孔循环、铣螺纹等。

⑤ 定制 G 代码（例如 G12、G13、G110 等）。把一些经常用到的计算方法、加工经验，或经常调用的用户宏程序等设置到一个特定 G 代码中，以简化编程，提高效率。

⑥ 检测与测量。包括机床工作状态的检测、工件加工尺寸精度的测量、自动建立工件坐标系、机内自动对刀等。

⑦ 捷径应用。如加工中心的换刀程序、交换工作台等。

⑧ 多轴加工。对于不具备定向加工功能的普通数控系统，可以借助用户宏程序完成各种类型 4 轴、5 轴机床的定向加工功能。

提示：不同的数控系统可能只能完成其中的部分内容。

1.2 变量

变量是宏程序最基本的特征，也是宏程序区别于普通程序的标志。

1.2.1 变量的定义

变量是一个数学等价物，是与常数相对而言的。在计算机技术中，变量就是一个存储器。在宏程序中，变量只能存储数字。

可以用常见的小型科学计算器来解释变量的概念。即使最便宜的计算器，也有一个临时存储单元，对应的按键是 M 键。我们计算的中间数据，可以存放到里面，供后面的计算使用，这个存储单元本身就是一个变量（计算器说明书上称之为存储器）。

变量名字本身意味着，它里面的数据在计算过程中是随时变化的。

在 FANUC 系统，用符号"#"和一个数字的组合表示一个变量，例如：

#3 表示 3 号变量；

#13 表示 13 号变量；

#123 表示 123 号变量。

1.2.2 变量的赋值

在计算机高级语言编程中，变量的赋值也称之为变量的声明。变量在使用前，必须先往里面放入数据，放入数据的过程就是变量的赋值。例如：

#1＝15，表示把数字 15 存入变量#1；

#12＝1.05，表示把数字 1.05 存入变量#12。

提示：在这里符号"＝"不是等号，是赋值号。

变量赋值后，就可以使用了。例如：

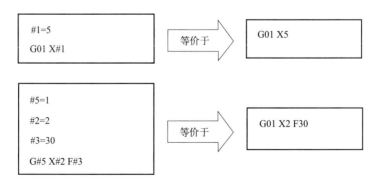

> 练习 1.1　图 1-1 零件的编程。

工艺条件：工件零点在工件上表面 R15 圆心点；刀具采用 ϕ16 高速钢铣刀。

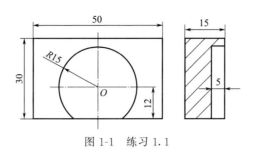

图 1-1　练习 1.1

```
O1
#1=7（提示：15-8=7）
G90 G00 G54 X0 Y-22
M3 S450
Z100
Z5
G01 Z-5 F60
Y-#1
G02 J#1
G00 Z100
M30
```

提示：在程序中利用变量#1来代表铣削半径。当刀具磨损后，直接修改变量值就可以实现精加工。使用变量后，程序变得非常简单。

练习1.2 在单件生产中，可以利用修改变量的值实现分层加工，见图1-2。

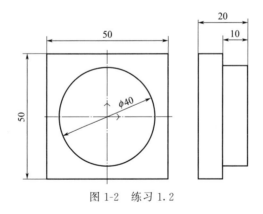

图 1-2　练习 1.2

工艺条件：工件零点在工件上表面 $\phi40$ 圆心点；刀具采用 $\phi30$ 高速钢铣刀。

```
O2
#1=-2
#2=35
G90 G00 G54 X0 Y50
M3 S240
Z100
```

```
Z5
Z#1
Y#2  F30
G02 J-#2
G00 Z100
```

提示：在程序中分别给#1赋值-3、-6、-9、-10，就可以完成零件的分层加工。

练习 1.3 完成图1-3零件的编程。

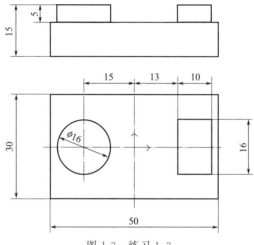

图1-3 练习1.3

工艺条件：工件零点在工件上表面 ϕ40 圆心点；刀具采用 ϕ16 高速钢铣刀。

参考刀具轨迹：在程序中加入刀具半径补偿时，采用了延长切线的进刀方法，见图1-4。

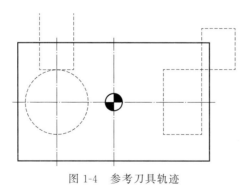

图1-4 参考刀具轨迹

```
O1
#1=-5(分别设为-2.5,-5,实现多个轮廓的分层加工)
G40 G17
G90 G00 G54 X-20 Y25
M3 S400
```

```
G43 H1 Z100
Z5
G01 Z#1 F100
G41 D1 Y8
X-15
G02 J-8
G01 X-10
G40 Y25
G00 Z5
;(不同加工轮廓之间用空行分开,可以提高程序的清晰度)
G00 X35 Y20
Z5
G01 Z#1 F100
G41 D1 X23
Y-8
X13
Y8
X35
G40 Y20
G00 Z100
M30
```

1.2.3 变量的种类

FANUC 0i 系统的变量分为：空变量，局部变量，全局变量，系统变量。

理解这些变量非常重要，特别是它们的不同之处。#0 被定义成空变量，空变量意味着对应的存储器是空的，而不是 0。#0 不能被赋值，而仅能用于清除其他变量的值。在程序的坐标语句中如果引用了一个空变量，那么引用该变量的坐标轴运动将被忽略。

练习 1.4 空变量的使用。

```
O1
#1＝1
#2＝20
#3＝30
#1＝#0     (清除变量 #1 中的数值,#1 将变成空变量)
#2＝#1     (清除变量 #2 中的数值,因为 #1 已经变成了一个空变量)
M00
N10 G90 G00 G54 X#1 Y#3
M3 S500
Z100
N20 G01 Z#2 F80
G00 Z100
M30
```

提示：在 N10 程序段，系统仅执行 G90 G00 G54 Y30，而忽略 X，因为#1 是空变量。在 N20 程序段，系统仅执行 G01 F80，而忽略 Z，因为#2 也是空变量。

局部和全局经常使初学者产生混淆，下面分别对局部变量和全局变量进行说明。

(1) 局部变量

局部变量只在当前程序有效。变量在主程序中定义，那就只在主程序中有效；如果在子程序中定义，那就只在子程序中有效。在主程序中定义的局部变量不能被带到子程序中，同样在子程序中定义的局部变量也不能被带入主程序中或其他子程序中。

在 FANUC 0i 系统中只定义了 33 个局部变量，分别是 #1、#2、#3、…、#33。

当程序执行结束（M30、M02），或遇到复位操作时，局部变量将被清空。

练习 1.5 阅读下面的程序，看局部变量有什么变化。

```
O1  (主程序)
#1＝15
#2＝120
G90 G00 G54 X0 Y0
M3 S500
Z100
Z5
G01 Z-5 F80
N10 G01 X#1 Y#2
M98 P101
N30 G01 X#1 Y#2
M98 P102
N50 G01 X#1 Y#2
G00 Z100
M30
```

```
O101  (子程序)
#1＝30
#2＝200
N20 G01 X#1 F#2
M99
```

```
O102  (子程序)
#1＝50
#2＝60
N40 G01 X#1 F#2
M99
```

试试看：

在执行程序 O1 的过程中——

程序段"N10 G01 X#1 Y#2"中，#1 和#2 的值分别是_____、_____。

程序段"N20 G01 X#1 Y#2"中，#1 和#2 的值分别是_____、_____。

程序段"N30 G01 X#1 Y#2"中，#1和#2的值分别是_____、_____。
程序段"N40 G01 X#1 Y#2"中，#1和#2的值分别是_____、_____。
程序段"N50 G01 X#1 Y#2"中，#1和#2的值分别是_____、_____。

参考答案：

在N10、N30、N50中，#1的值是15，#2的值是120。

在N20中，#1的值是30，#2的值是200。

在N40中，#1的值是50，#2的值是60。

(2) 全局变量

全局变量一旦定义，将以模态的形式存在，即使程序执行完毕，全局变量依然有效。当然复位操作后，全局变量也有效。

全局变量分为两个范围段：#100～#199、#500～#599。

当数控机床断电后，变量#100～#199中的数值就会丢失（清空），而变量#500～#599中存储的数值则不会丢失。当我们需要长期保存一些数据时，可以把这些数据存放到变量#500～#599中。

练习1.6 阅读下面的程序，看全局变量有什么变化。

```
O11
#101=15
#102=120
G90 G00 G54 X0 Y0
M3 S500
Z100
Z5
G01 Z-5 F80
N10 G01 X#101 Y#102
M98 P101
N30 G01 X#101 Y#102
M98 P102
N50 G01 X#101 Y#102
G00 Z100
M30
```

```
O101 （子程序）
#101=30
#102=200
N20 G01 X#101 F#102
M99
```

```
O102 （子程序）
#101=50
#102=60
N40 G01 X#101 F#102
M99
```

试试看：

在执行程序 O11 的过程中：

程序段"N10 G01 X#101 Y#102"中，#101 和#102 的值分别是_____、_____。

程序段"N20 G01 X#101 Y#102"中，#101 和#102 的值分别是_____、_____。

程序段"N30 G01 X#101 Y#102"中，#101 和#102 的值分别是_____、_____。

程序段"N40 G01 X#101 Y#102"中，#101 和#102 的值分别是_____、_____。

程序段"N50 G01 X#101 Y#102"中，#101 和#102 的值分别是_____、_____。

参考答案：

在 N10 中，#101 的值是 15，#102 的值是 120。

在 N20、N30 中，#101 的值是 30，#102 的值是 200。

在 N40、N50 中，#101 的值是 50，#102 的值是 60。

练习 1.7 局部变量与全局变量的区别。

```
O17
#111＝15
#11＝30
G90 G00 G54 X0 Y0
M3 S500
Z100
N10 G01 Z#111 F#11
G00 Z100
M30
```

```
O18
#11＝50
G90 G00 G54 X0 Y0
N20 M3 S#123
Z100
N30 G01 Z#111 F#11
G00 Z100
M30
```

讨论：

开机并返参后，首先调出程序 O17 并执行，而后我们调出程序 O18 继续执行。

当执行到 N20 语句时，机床如何执行？

当执行到 N30 语句时，机床如何执行？

参考答案：

在 N20 中，执行 M03（由于#123 从没有被赋值，即空变量，所以 S#123 被省略）。

在 N30 中，执行 G01 Z15 F50。

练习 1.8 断电后，变量的保存。

```
O17
G90 G00 G54 X0 Y0
```

```
M3 S500
Z100
Z5
G81 Z-5 F80
G00 Z100
#501=#501+1
M30
```

提示：程序通过#501计算程序O17运行的次数。在批量加工零件时，用以统计工件的加工数量。

1.2.4 系统变量

系统变量不同于其他的变量，它们在宏程序中非常重要，而且自成体系。系统变量区别于其他变量的特征有两点：

① 系统变量的编号从#1000开始，直到5位数；
② 系统变量不能显示在屏幕上。

练习1.9 系统变量的查看方法。

```
O1
#1=#1003
#110=#5021
M30
```

提示：系统变量的值，可以被转存到局部变量或全局变量中后，通过查看局部变量或全局变量得知系统变量的值。

系统变量的编号已经被FANUC系统固定，并代表不同的含义，用户不可以改变。要想知道某个系统变量的含义只有查阅系统参考手册。

（1）系统变量的用途

- 和PLC系统双向传递参数；
- 检测当前工件的坐标位置，包括机床坐标位置、工件坐标位置等；
- 检测刀具补偿参数，包括刀具半径补偿和刀具长度补偿；
- 检测每组G代码的当前状态；
- 给工件坐标系赋值；
- 给刀具补偿参数赋值；
- 参数设定；
- 还有很多其他用途。

总之，系统变量对于数控机床至关重要，对于每个控制系统来说，都有很多的系统变量。对于每一个编程员不可能需要所有的系统变量，需要时，通过查阅手册很容易得到。

（2）系统变量的分类

① 可读写系统变量。

用户可以通过一段程序或MDI（手动数据输入）来改变这类变量的数据。这类变量也可被系统读出，并由系统保存其变量值。

练习 1.10 工件坐标系的赋值与读取。

```
O9
N10  #5221=20           (给工件坐标系 G54 的 X 坐标赋值)
N11  #5222=50           (给工件坐标系 G54 的 X 坐标赋值)
N12  M00
N13  #1=#5221           (读出坐标系 G54 的 X 坐标值到#1)
N14  #2=#5222           (读出坐标系 G54 的 X 坐标值到#2)
M30
```

提示：N10 语句为#5221 写入数据 20，N13 语句把#5221 中的数据读出。

② 只读系统变量。

例如：#1000 之后的数十个变量通常对应数控机床上的某个行程开关，它们只能根据开关的闭合状态显示 1 或 0，不允许用户赋值。

练习 1.11 只读系统变量在交换工作台中的应用

```
O9002(加工中心交换工作台程序)
N10  #1=#1001            (1号工作台行程开关)
N11  #2=#1002            (2号工作台行程开关)
N12  IF [#1 EQ 1]  GOTO20
N13  IF [#2 EQ 1]  GOTO30   (1号行程开关为 0,2号行程开关为 1,可以调入 2号台)
N14  GOTO10              (1号和 2号行程开关都为 0,所以返回 N10 重新检查)
N20  IF [#2 EQ1]   GOTO10   (1号和 2号行程开关都为 1,所以返回 N10 重新检查)
N21  G30 P2 X0           (工作台到达 1号台位置)
N22  M28                 (调入 1号台)
N30  G30 P3 X0           (工作台到达 2号台位置)
N31  M28                 (调入 2号台)
M30
```

提示：类似程序还有加工中心换刀程序等。

练习 1.12 模态 G 代码的状态检测。

```
O1
G90 G00 G54 X0 Y0
M3 S500
Z100
Z5
G81 Z-5 F80
G00 Z100
#1=#4003
M30
```

提示：系统变量#4003 用于检测第 3 组 G 代码的状态。如果变量#1=1，则当前是 G90

状态；如果#1＝0，则当前是G91状态。

1.3 宏程序函数

FANUC 0i 系统可利用多种公式和变换，对现有的变量执行许多算术、代数、三角函数、辅助和逻辑运算。在变量的定义格式中，不但可以用常数为变量赋值，还可以用表达式为变量赋值。宏程序函数为宏程序的编写提供了强有力的工具。

可用的宏程序函数主要有以下几组：

① 算术函数；

② 三角函数；

③ 四舍五入函数；

④ 辅助函数；

⑤ 比较函数；

⑥ 逻辑函数；

1.3.1 算术函数

算术函数是最简单的计算函数，即加减乘除，对应的 4 个符号分别是"＋""-""＊""/"。

练习 1.13 变量的四则运算。

```
O1
#1＝5
#2＝6
#3＝#1＋#2           (11)
#4＝#3＋#3           (22)
#5＝#4/#1            (2.2)
#1＝[#5-0.2]＊#2     (12)
#1＝#1-#2            (6)
M30
```

练习 1.14 括号的应用。

```
O1
N10  #1＝8
N20  #2＝5
N30  #3＝#2＊[[#2-2]/[#1-2]]     (0.5)
N40  #[#2]＝6
N50  #5＝#5＋#5                  (12)
N60  #[#1＋#2]＝#5＋#5           (24)
M30
```

提示 1：嵌套括号是从内往外计算，即先处理最内层的括号，然后是下一层，依次类推。下面是 N30 程序段的计算过程。

第一步：计算#2－2，等于3；

第二步：计算#1－2，等于6；

第三步：计算中间结果 3/6，等于 0.5；

第四步：计算#2＊0.5，等于 2.5；

结果：#3 等于 2.5。

提示 2：N40 程序段的处理过程如下。

第一步：计算变量号 [#2] 的值，等于 5；

第二步：把 6 赋值给变量#5。

N50 程序段的处理过程如下。

第一步：两次从#5 变量中取出数值，进行加法计算后，得到数值 12；

第二步：把计算结果 12 重新赋值给变量#5。

N60 程序段的处理过程如下。

第一步：计算变量号 [#1＋#2] 的值，等于 13；

第二步：计算#5＋#5 的值，等于 24；

第三步：把 24 赋值给变量#13。

练习 1.15 变量的加减乘除。

```
O1
N10   #1=#0              (定义#1为空变量)
N20   #2=5
N30   #3=2+#1            (2+#1等效2+0,计算结果是5)
N40   #4=2-#1            (2-#1等效2-0,计算结果是5)
N50   #5=2*#1            (2*#1等效2*0,计算结果是0)
N60   #6=#2/#1           (2/#1等效2/0,所以系统报警)
M30
```

提示：空变量在算术计算中按"0"处理。

1.3.2 三角函数

宏程序中经常用到的三角函数有六个，它们是 SIN、COS、TAN 和 ASIN、ACOS、ATAN。

三角函数输入的角度必须用十进制表示，对于用"度—分—秒"表示的角度数值，首先要转换成十进制数，这样才能进行角度函数的计算。

反三角函数输出的度数也用十进制表示。

练习 1.16 变量的三角函数计算。

```
O8                          (计算35度25分17秒的正弦函数值)
#1=35
#2=25
#3=17
#4=#1+#2/60+#3/3600         (把度分秒表示的数值转换成十进制角度值)
#5=SIN[#4]
```

```
#6=ASIN[#5]          （计算#5的反正弦函数值，#6和#4的数值相等）
M30
```

提示： 可以用科学计算器进行验证。

练习 1.17 完成图 1-5 零件的编程。

以 O 点为编程零点，计算零件图中 φ12 圆心 A 点的坐标值，见图 1-6。

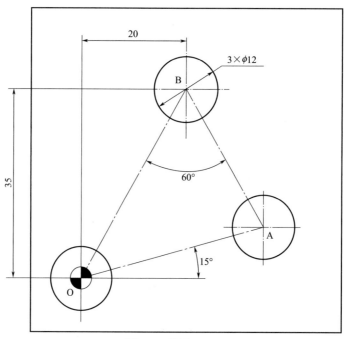

图 1-5 练习 1.17

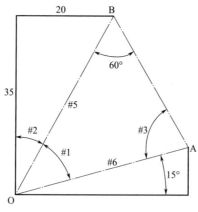

图 1-6 计算简图

参考程序：

```
O8
#2=ATAN[20/35]
#5=20/SIN[#2]
```

```
#1=180-#2-15
#3=180-60-#1
#6=#5*SIN[60]/SIN[#3]        (正弦定理)
#101=#6*COS[15]              (A 点的 X 坐标)
#102=#6*SIN[15]              (A 点的 Y 坐标)
M30
```

1.3.3 四舍五入函数

在宏程序中和四舍五入有关的函数有 3 个,它们是 ROUND、FIX、FUP。

变量在计算的过程中,可能会产生许多的小数位,但是在数控编程中,不同的代码对数据位的要求不尽相同。例如:S、T、H、D 代码后面只能跟整数,X、Y、Z 代码要求精确到小数点后 3 位。我们必须对变量中的数据进行处理,以符合程序要求。

- ROUND 是四舍五入,例:

```
ROUND [9.8]=10
ROUND [9.1]=9
```

- FIX 是下取整(截尾取整),例:

```
FIX [9.8]=9
FIX [9.1]=9
```

- FUP 是上取整(进位取整),例:

```
FUP [9.8]=10
FUP [9.1]=10
```

四舍五入函数在程序数据的转换中有着十分重要的作用,可以使数据符合程序规范,消除中间数据的转换误差。最终使宏程序的计算过程更加精确。

练习 1.18 利用变量计算刀具的切削速度。

已知 $\phi 16$ 三刃合金铣刀的推荐切削用量是切削速度 v_c 是 50m/s,切削深度 5mm,每齿进给 f_z 为 0.035mm。试计算主轴转速 S 值和每分钟进给速度 F 值。要求主轴转速取整数,进给速度精确到十位数。

参考程序:

```
O8
#1=50*1000/[3.14159*16]
#2=#1*3*0.035
N30 #3=ROUND[#1]            (主轴转速 S)
#4=ROUND[#2/10]
#5=#4*10                    (进给转速 F)
M30
```

想一想： 如果 N30 程序段改成#3＝ROUND [#2]，得到计算结果有变化吗？

▶ **练习 1.19** 完成图 1-7 零件的编程。

编程零点在工件左下角点，计算图中 φ16 圆心的坐标，要求精确到小数点后 3 位。

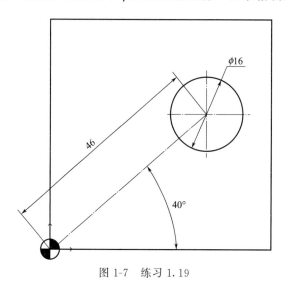

图 1-7　练习 1.19

参考程序：

```
O8
#1＝46*COS[40]
#2＝46*SIN[40]
#3＝ROUND [#1*1000]
#4＝ROUND [#1*1000]
#3＝#3/1000    （X 坐标值）
#3＝#4/1000    （Y 坐标值）
M30
```

▶ **练习 1.20** 阅读下面程序，#1、#5、#6 的值相等吗？试试看。

```
O3
#1＝0.00001
#2＝999999
#3＝#1/#2
#4＝ROUND[#3/1000]*1000
#5＝#3*#2
#6＝#4*#2
M30
```

提示： 在数据的计算过程中，四舍五入也会带来一些误差。四舍五入误差的累积而导致的数据不精确往往不容易发现，只有采取合理的处理方法，才能保证最终数据的准确性，这一点很重要。

总之，编程时使用四舍五入的数据一定要小心哦。

1.3.4 辅助函数

下面是两个在宏程序的计算过程中经常遇到的函数。
① ABS，绝对值函数，例：

```
#1=-9.8
#2=9.8
ABS[#1]=9.8
ABS[#2]=9.8
```

② SQRT，开平方函数，例：

```
#1=100
#2=3
SQRT[#1]=10
SQRT[#2]=1.732050808
```

练习 1.21 下面是一个钻孔的程序，Z0 点定义在工件顶面。

```
O7
#11=-35
G90 G00 G54 X20 Y30
M03 S500
Z100
G81 G98 Z#11 R5 F100
G80 Z100
M30
```

这是一个正确的程序，但不够清晰。如果编程员偶然给#11赋值35，会出现什么情况呢？刀具没有切入工件，而是向工件上方移动，这虽不是大问题，却使操作者很不愉快。

对程序稍作修改，就可以改变这种情况：

```
O17
#11=-35
G90 G00 G54 X20 Y30
M03 S500
Z100
G81 G98 Z-[ABS[#11]] F100
G80 Z100
M30
```

提示：这是一个很简单的练习，但给我们提了醒："信息或注释"对操作员降低或杜绝错误的发生很有帮助。在宏程序的编写中，编程员要有能力在出错之前预测到可能出错的地方。并不是计算中的所有错误都可以预测，有些错误可以预测，但并不是全部。这需要我们在各种情况下，对宏程序进行多次调试，以确保程序的正确性。

练习 1.22 完成图 1-8 零件的编程。

以工件左下角为编程零点,计算零件图中 φ16 圆心的坐标值,见图 1-9。

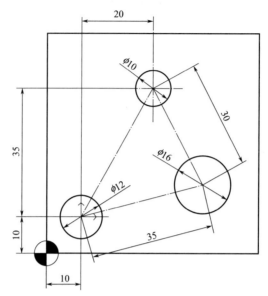

图 1-8 练习 1.22

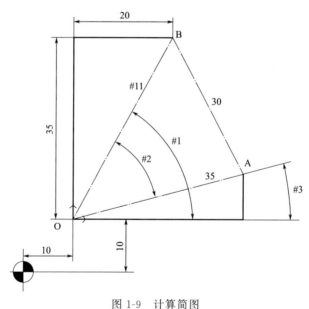

图 1-9 计算简图

程序如下:

```
O8
#11=35                                    (OA 线段长度)
#12=30                                    (AB 线段长度)
#13=SQRT[20*20+35*35]                     (勾股定理计算斜边 OB 长度)
#2=ACOS[#1*#11+35*35-30*30]/[2*#11*35]    (余弦定理计算角度 #1)
```

```
#1=ATAN[35/20]                    (反正切函数计算角度#1)
#3=#1-#2
#31=35*COS[#3]+10                 (A点X坐标值)
#32=35*SIN[#3]+10                 (B点Y坐标值)
M30
```

1.3.5 比较函数

为了开发功能更强大的宏程序,我们需要对各种条件进行比较,以作出正确的、合理的判断。比较函数(又称布尔函数)包括六个标准的运算符,见表1-1。

表1-1 比较函数

比较函数	对应的数学符号	中文名
EQ	=	等于
NE	≠	不等于
GT	>	大于
GE	≥	不小于(大于等于)
LT	<	小于
LE	≤	不大于(小于等于)

比较函数对变量与变量、变量与常数进行比较,并返回比较的结果:真或假。比较函数不单独使用,它们通常和条件语句配合使用,为条件语句提供决策依据。

练习1.23 比较函数的计算。

```
O1
#1=1
#2=0
#11=[#1 EQ #2]
#12=[#1 NE #2]
#13=[#1 GT #2]
#14=[#1 GE #2]
#15=[#1 LT #2]
#16=[#1 LE #2]
M30
```

提示:比较结果用0表示FALSE(假),用1表示TRUE(真)。#11、#15、#16的值是0,#12、#13、#14的值是1。

1.3.6 逻辑函数

逻辑运算符用于对二进制数逐位进行逻辑运算,逻辑函数包含三个运算符:AND(与)、OR(或)、XOR(非)。

逻辑函数通常用于PLC(PMC)电路,用于对PLC的输入输出信号进行运算,以控制机床电器完成各种动作,也可以对两个变量或表达式进行逻辑运算。

练习 1.24 逻辑函数的计算。

```
O1
#1=1
#2=0
#13=[#1]AND[#2]            (1×0=0)
#14=[#1]AND[#1]            (1×1=1)
#15=[#1]OR[#2]             (1+0=1)
#16=[#1]OR[#1]             (1+1=1)
#17=[[#1 NE #2]AND[#1GE#2]]   (1×1=1)
#18=[[#1 LE #2]AND[#1GE#2]]   (0×0=0)
M30
```

提示：比较结果用 0 表示 FALSE（假），用 1 表示 TRUE（真）。#13、#18 的值是 0，#14、#15、#16、#17 值是 1。

1.4 宏程序的分支与循环

在宏程序编程的初期阶段，宏程序变量、宏程序函数这些基础知识是必不可少的。宏程序的功能还不止于此，"基于给定的条件进行分析并作出决策"才是宏程序最强大的功能。典型的 FANUC 宏程序结构是基于最简单 BASIC 语言（计算机语言的一种）建立的，借助于 IF、WHILE 语句可以用来控制宏程序的流程。

1.4.1 分支函数 IF

和 IF 相关的语句有两个，介绍如下。

(1) IF [条件为真] GOTOn

当条件为真时，n 是分支要转向的程序段号。如果条件为假，则忽略该语句继续执行下一个程序段。单一条件表达式可以使用比较函数中的六个运算符，分别是 EQ、NE、GT、GE、LT、LE，可以对变量和表达式进行比较。对于两个以上的条件表达式，可以使用逻辑函数中的 3 个运算符 AND、OR、XOR。

下面通过练习，体会 IF—GOTOn 语句，并配合流程图来解释该语句。

练习 1.25 参考流程图（图 1-10）。

```
O1
#1=5
#2=80
G90 G00 G54 X0 Y0
M3 S600
Z100
Z5
IF [#1 GT 5] GOTO10
G81 Z-#1 F#2
N10 G00 Z100
M30
```

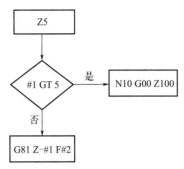

图 1-10 练习 1.25 参考流程图

提示：条件语句一定要用中括号"[ ]"括起来。

练习 1.26 计算：1+2+3+4+5=？

```
O1
#1=1
#2=0
N10 #2=#2+#1
#1=#1+1
IF [#1 LE 5] GOTO10
M30
```

提示 1：GOTO 语句首先是向下搜索指定的行号，当指定行号不存在时，返回程序头继续向下搜索。如果指定行号不存在，系统会报警。

提示 2：利用 IF+GOTO 语句可以实现循环功能。

练习 1.27 清晰度对宏程序的影响。

程序如下：

```
O1
#1=1
#2=0
N10 #2=#2+#1
#1=#1+1
IF [#1 LE 5] GOTO10
N10 M30
```

提示：当程序中出现相同的程序段号时，并不影响程序的执行，但会降低程序的清晰度，并可能会导致错误的结果。

练习 1.28 完成图 1-11 零件的编程。

使用 φ10 的高速钢铣刀完成工件的切削，工件零点在工件上表面中心点。为了保护刀具和机床，特设定如下切削限制条件：

- 当主轴转速 S 大于 1200r/min 时，机床拒绝加工并结束；
- 当切削深度大于 5mm 时，机床拒绝加工并结束；

- 当进给速度F大于200mm/min时，机床拒绝加工并结束。

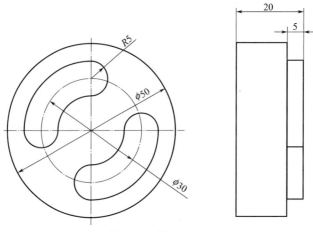

图 1-11　练习 1.28

程序如下：

```
O26
#1＝500      （主轴转速）
#2＝5        （切削深度）
#2＝80       （切削速度）
IF[[#1 GT 1200]AND[#2GT5]AND[#3GT200]] GOTO20
G90 G00 G54 X0 Y35
M3 S#1
Z100
Z5
G01 Z-#1 F#3
G41 D1 Y20
G02 Y10 J-5
G03 X-10 Y0 J10
G02 X-20 I-5
X0 Y20 I20
G40 G01 Y35
G00 Z5

G00 X35 Y0
G01 Z-#1
G41 X20
G02 X0 Y-20 R20
Y-10 R5
G03 X10 Y0 R10
G02 X20 R5
G40 G01 X35
G00 Z100
N20 M30
```

试一试：当#1＝1300、#2＝5、#3＝80 时，程序的加工过程是什么？当#1＝500、#2＝6、#3＝80 时，程序的加工过程是什么？

（2）IF［条件为真］THEN 语句

当条件为真时，执行 THEN 后面的语句。通常 THEN 后面是赋值语句。当只有两个选项时，使用 IF—THEN 语句是一条捷径，IF—THEN 语句能够提供一种快速、简洁的解决办法。

练习 1.29 体会 IF—THEN 语句。

程序如下：

```
O1
#1=1
#2=0
IF [#1 GE #2]  THEN #103=10      (如果#1 不小于#2,则赋值#103=10)
IF [#1 LT #2]  THEN #103=#1+10   (如果#1 小于#2,则赋值#103=#1+10)
M30
```

提示：程序运行结束后，#103 的值是 10。如果把程序中的全局变量#103 全部替换成局部变量#3，则程序执行结束后变量#3 的值是多少呢？

练习 1.30 一个判断奇偶数的小程序。

程序如下：

```
O1
#1=13
#2=FIX[#1/2]*2
IF [#1 EQ #2] THEN #501=1
IF [#1 NE #2] THEN #501=0
M30
```

提示：如果#501 的值是 1，则#1 是偶数；如果#501 的值是 2，则#1 是奇数。

练习 1.31 阅读下面程序，并写出程序执行完毕后#103 的值是多少。

```
O2
#1=10
#103=100
IF [#1 GE 10 ] THEN     #103=120
IF [#1 GE 20 ] THEN     #103=150
IF [#1 GE 30] THEN      #103=180
IF [#1 GE 40] GOTO10
#103=#103*#1
N10 M30
```

试一试：当#1＝5、#1＝10、#1＝50 时，#103 对应的数值是多少？

参考答案: 分别是 500、1200、180。

练习 1.32 根据给定切削深度,改变刀具的切削用量。

程序如下:

```
O2
#1=3  (设定刀具切削深度)
#3=0
IF [#1 LE 5 ] THEN #3=60
IF [#1 LE 10 ] THEN #3=30
G90 G00 G54 X0 Y0
M3 S500
Z100
Z5
G01 Z#1 F#3
G41 D1 Y-20
G03 J20
G41 G01 Y0
G00 Z100
M30
```

试一试: 当分别给#1赋值3、5、10、15、20时,#3对应的数值是多少?机床会作出怎样的反应?

练习 1.33 完成图 1-12 零件的编程。

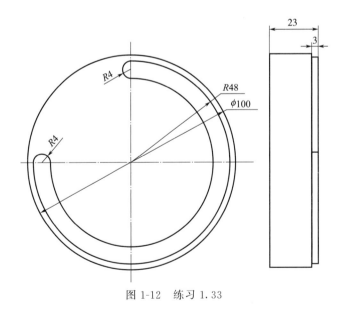

图 1-12 练习 1.33

工件零点在工件上表面中心点。如果使用 φ16 的高速钢铣刀精铣工件,建议主轴转速 S600,进给速度 F80;如果使用 φ16 的硬质合金钢铣刀精铣工件,建议主轴转速 S1600,进给速度 F200。

程序如下：

```
O30
#1＝1    （1表示合金铣刀，0表示高速钢铣刀）
#3＝600
#4＝80
IF [#1 EQ 1] THEN  #3＝1600
IF [#1 EQ 1] THEN  #4＝200
G90 G00 G54 X-10 Y60
M3 S#3
Z100
Z5
G01 Z-3 F#4
G41 D1 Y48
X0
G02 X-48 Y0 R-48
X-40 R4
G03 X0 Y40 R-40
G02 Y48 R4
G01 X10
G40 Y60
G00 Z100
M30
```

练习 1.34 某厂计划采购一批合金刀具，但是刀具必须符合下面的条件：切削速度大于500m/min，直径不大于10mm，刀刃必须有涂层，且价格低于200元/把。

下面是两个参考程序：

```
O1
#1＝300        （刀具切削速度）
#2＝30         （刀具直径）
#3＝50         （单价）
#4＝1          （涂层）
#101＝0
IF [[#1GT500]AND[#2LE10]AND[#3LT200]AND[#4EQ1]]THEN #101＝1
M30
```

```
O2
#1＝600        （刀具切削速度）
#2＝8          （刀具直径）
#3＝150        （单价）
#4＝1          （涂层）
#101＝0
#5＝[#1GT500]AND[#2LE10]
#6＝[#3LT200] AND[#4EQ1]
IF [#5 AND #6] THEN #101＝1
M30
```

提示： 正确使用宏程序中的方括号 [] 非常重要。如果比较的条件复杂时，方括号可以多级嵌套，却会使宏程序变得难以理解，我们可以使用多重定义来替代方括号的多次嵌套。

1.4.2 WHILE 循环

(1) 循环结构

循环是宏程序流程中最常用的决策方法，它可以包括多个处理过程。在 FANUC 系统中，WHILE 循环的结构如下：

```
[条件初始化]
WHILE[条件为真] DOn
    N10
    N20
    ……
    [改变循环条件]
ENDn
```

简单地讲，就是当条件为真时，程序执行 DOn 和 ENDn 之间的程序段。n 是循环号，n 只能是 1、2 或 3。DOn 与 ENDn 中的 n 必须一致，例如 DO1 与 END1，DO2 与 END2，DO3 与 END3。

改变循环条件是 WHILE 循环语句中非常关键的一部分，如果没有"[改变循环条件]"，或给出了错误的"[改变循环条件]"，都将导致死循环。通俗地说，死循环就是计算机良性病毒，只占用计算机内存而不破坏计算机数据。

下面我们通过一个练习来看看 WHILE 循环的执行过程。

练习 1.35 参考程序流程图（图 1-13），观察变量 #1、#2、#11 的变化过程。

程序如下：

```
O31
#1＝30
#2＝50
#11＝0
WHILE [#1 LT #2] DO1
    #11=#1*2-#2
    #1=#1＋5
END1
M00
M30
```

提示： 加入 M00 是为了便于观察变量的变化过程。如果执行到了 M30 程序段，局部变量会自动清空。

执行程序时，变量的顺序变化图见图 1-14。

试一试： 我们可以用"单段"方式，通过机床的 OFFSET→MARIO 界面，看到变量的变化过程，见图 1-15。

第1章 宏程序介绍

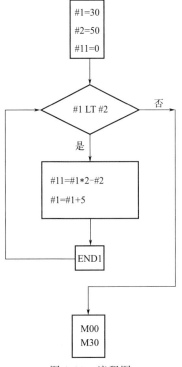

步数	#1	#2	#11
1	30		
2		50	
3			0
4			10
5	35		
6			20
7	40		
8			30
9	45		
10			40
11	50		
12	M00		

图 1-13 流程图　　　　　　　　图 1-14 变量的顺序变化图

图 1-15 查看系统变量

练习 1.36 分析下面的程序，观察刀具在 XY 平面内的运行轨迹（图 1-16）。

```
O1
G40 G17
G90 G00 G54 X0 Y0 M3 S500
G43 H1 Z100
Z5
G01 Z-5 F60
```

```
#1=0                    (条件初始化)
#2=0                    (初始化加工数据)
WHILE [#1 LE 5] DO1     (条件判断)
#2=#2+#1*1/2            (计算加工数据)
G01 X#1 Y#2             (最终目的)
#1=#1+1                 (改变循环条件)
END1
G00 Z100
M30
```

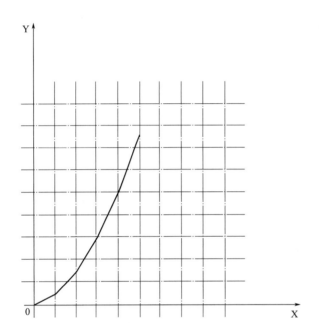

扫码看视频：练习1.36

图1-16 练习1.36轨迹图

➢ **练习1.37** 计算1+2+3+…+50的和，体会WHILE—DO循环的执行步骤。程序如下：

```
O32
#1=1
#102=0
WHILE [#1 LE 50] DO1
  #102=#102+#1
  #1=#1+1
END1
M30
```

提示：使用全局变量#102存储累积和，是为了避免在程序结束后局部变量被清空。

➢ **练习1.38** 计算1+2+3+…+n，当累积和大于10000时，停止计算，并记录当时的加数n。

程序如下:

```
O32
#1=1
#102=0
WHILE [#1 GT 0] DO1
  #102=#102+#1
  IF [#102 GT 10000] GOTO10
  #1=#1+1
END1
N10 #103=#1    (记录当时的加数 n)
M30
```

提示：这是一个正确的程序，看起来还很简洁，却不是一个清晰的程序。因为在循环中使用了 GOTO 语句来跳出循环，打乱了循环语句 WHILE 的正常循环，使程序结构变得杂乱，因此遭到了大多数编程员的批评，建议我们少用或尽可能不使用这种格式。下面的程序也许可以给我们一个提示。

```
O3202
#1=1
#102=0
WHILE [#102 LE 10000] DO1
  N10 #102=#102+#1
  N20 #103=#1    (记录当时的加数 n)
  N30 #1=#1+1
END1
M30
```

试一试：如果调换 N20 和 N30 语句的顺序，会出现什么结果？

练习 1.39 当我们用钻头在钢件上钻孔时，经常会遇到因铁屑太长而缠绕钻头的问题。下面的程序或许可以帮助我们实现断屑。

```
O32
G90 G00 G54 X0 Y0
M3 S800
Z100
Z5
#1=18                (钻孔总深度)
#2=0
#3=3                 (每次钻深)
WHILE [#2 LE #1] DO1
    G90 G01 Z-#2 F80
    G91 Z1           (回退 1mm 是为了断屑)
  #1=#1+#3           (改变循环条件)
END1
  G90 G01 Z-#1       (当钻孔深度不是每次钻深的整倍数时,确保能钻孔到指定深度)
  G00 Z100
  M30
```

图1-17是本练习的流程图,便于我们更好地理解WHILE循环语句。

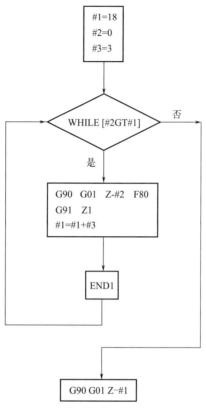

图1-17 练习1.39流程图

提示:即使没有流程图,有些编程员也能写出非常好的宏程序。但是设计一张完善的流程图对初学者来说非常重要,对经验丰富的编程员也是如此,流程图可以缩短宏程序的编写和测试周期。

练习1.40 工件编程零点设在工件上表面左下角点(图1-18)。采用 $\phi16$ 铣刀从A点以F100进给速度开始加工,距离转角处B点10mm开始减速,在B点减速到F50,而后以F100的速度继续向下加工。

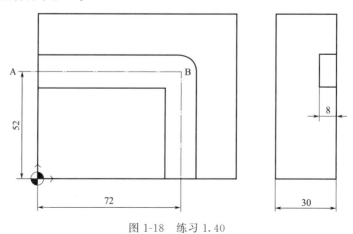

图1-18 练习1.40

方案1：流程图见图1-19。

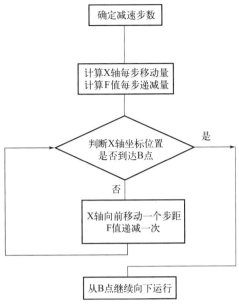

图 1-19　方案1流程图

程序如下：

```
O201
G40 G17
G90 G00 G54 X-10 Y52
M03 S500
G43 H1 Z150
Z5
G01 Z-8 F80
X62
#1=62              (开始减速点)
#2=72              (减速结束点)
#3=5               (减速步数)
#4=100             (初始速度)
#5=50              (最终速度)
#6=[#2-#1]/#3      (X值步距)
#7=[#4-#5]/#3      (F值步距)
WHILE [#1 LE #2] DO1
   X#1 F#4
   #1=#1+#6        (改变X坐标值)
   #4=#4-#7        (改变进给速度)
END1
Y-10 F100
G00 Z100
M30
```

方案 2：流程图见图 1-20。

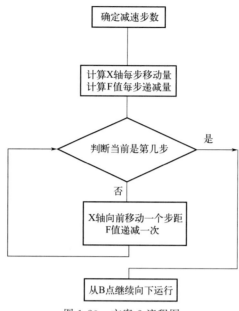

图 1-20　方案 2 流程图

程序如下：

```
O202
G40 G17
G90 G00 G54 X-10 Y52
M03 S500
G43 H1 Z150
Z5
G01 Z-8 F80
X62
#1＝62              (开始减速点)
#2＝72              (减速结束点)
#3＝5               (减速步数)
#4＝100             (初始速度)
#5＝50              (最终速度)
#6＝[#2-#1]/#3      (X值步距)
#7＝[#4-#5]/#3      (F值步距)
#20＝1              (从第一步开始)
WHILE [#20 LE #3] DO1
  G91 X#6   F[#4-#7]
  #20＝#20-1        (改变步数)
  #4＝#4-#7         (改变进给速度)
END1
Y-10 F100
G00 Z100
M30
```

提示：哪一种方案更合理呢？减速的步数应该是整数，不存在计数误差。然而坐标值却可能带有小数，当距离不能整除步数时，或许会带来误差的累积。

练习 1.41 对比下面的 3 个程序，观察有什么不同。

```
O33
G90 G00 G54 X0 Y0
M3 S800
Z100
Z5
#1=18
#2=0
#3=3
WHILE[#2 NE#1]DO1
   G90 G01 Z-#2 F80
   #2=#2+#3
END1
G00 Z100
M30
```

```
O331
G90 G00 G54 X0 Y0
M3 S800
Z100
Z5
#1=18
#2=0
#3=3.5
WHILE[#2 NE#1]DO1
   G90 G01 Z-#2 F80
   #2=#2+#3
END1
G00 Z100
M30
```

```
O332
G90 G00 G54 X0 Y0
M3 S800
Z100
Z5
#1=18
#2=0
#3=3
WHILE[#2 NE#1]DO1
   G90 G01 Z-#2 F80
END1
G00 Z100
M30
```

提示：

O33 是一个存在隐患，但能正常运行的断屑程序。这个隐患就是条件表达式"［#2 NE #1］"的不完善，并且这个隐患将在程序 O331 中造成重大损失。

O331 是一个恶性的死循环程序，将造成刀具的折断并且可能导致机床损坏。

O332 则是一个良性的死循环。"［改变循环条件］"语句的缺失，造成了程序的无限循环。

（2）循环深度

循环深度通常称之为嵌套循环。FANUC 0i 系统允许编写三级循环深度。常见的嵌套循环有单级嵌套循环、两级嵌套循环、三级嵌套循环。在循环嵌套中，DOn 和 ENDn 在编程时必须成对出现，并从最内层循环开始向外执行。随着嵌套的增加，宏编程的难度也在增加，出现错误的可能性就越大，当然也就能解决更复杂的问题。

图 1-21 是循环嵌套的结构图。

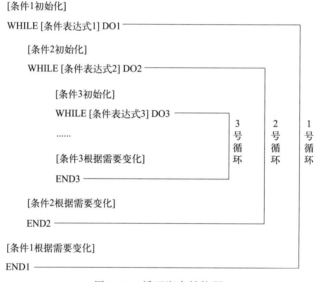

图 1-21　循环嵌套结构图

循环嵌套时，嵌套级之间不允许出现 WHILE 循环的交叉。图 1-22 的循环嵌套结构图是错误的。

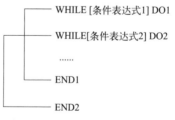

图 1-22　错误的循环嵌套结构图

练习 1.42　阅读下面的程序 O1 和 O2，按照程序的执行顺序，分别写出变量 #1、#2、#11、#12 的变化过程，并在图 1-23 上画出刀具在 XY 平面内的轨迹。

```
O1
G90 G00 G54 X-80 Y-30
M3 S500
G43 H1 Z5
G01 Z-5 F80
#1=1
WHILE [#1 LE2] DO1
    #2=1
    WHILE [#2 LE2 ] DO2
        #11=#1*5-30
        #12=#2*10-80
        G01 X#12 Y#11 F80
        #2=#2+1
    END2
    #1=#1+1
END1
G00 Z100
M00
M30
```

```
O2
G90 G00 G54 X-80 Y-30
M3 S500
G43 H1 Z5
G01 Z-5 F80
#1=1
WHILE [#1 LE2] DO2
    #2=1
    WHILE [#2 LE 2] DO1
        #11=#1*5-30
        #12=#2*10-80
        G01 X#12 Y#11 F80
        #2=#2+1
    END1
    #1=#1+1
END2
G00 Z100
M00
M30
```

变量按执行顺序变化见图 1-24。

提示：通过变量的变化我们可以知道程序 O2 与 O1 并无区别。在程序 O2 中，内部循环是 DO1—END1，外部循环是 DO2—END2。循环号仅仅是个标记，只要是成对出现即可，和循环的执行顺序没有关系，但是可能影响程序的清晰度，建议按顺序使用。

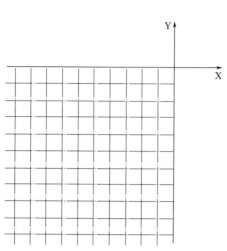

图 1-23　画出刀具轨迹

步数	#1	#2	#11	#12
1	1			
2		1		
3			−25	−70
4		2		
5			−25	−60
6		3		
7	2			
8		1		
9			−20	−70
10		2		
11			−20	−60
12		3		
13	3			
14	M00			

图 1-24　变量按执行顺序的变化

练习 1.43　通过下面这个程序，练习使用嵌套循环。

"水仙花数"是指一个三位数，其各位数的立方和等于该数，如：

$$153 = 1^3 + 5^3 + 3^3$$

编写程序，记录所有的"水仙花数"。

```
O5
#30=0
#1=100                          (从100开始计算)
WHILE [#1 LE 999] DO1
  #11=FIX[#1/100]               (求百位数)
  #12=#1-#11*100
  #13=FIX[#12/10]               (求十位数)
  #14=#12-#13*10                (求个位数)
  #15=#11*#11*#11+#13*#13*#13+#14*#14*#14
  WHILE [#15 LE #1] DO2
      #[500+#30]=#1             (记录水莲花数)
      #30=#30+1                 (寄存器递推)
      #15=#15+1                 (改变条件,退出记录循环)
  END2
#1=#1+1
END1
M00
M30
```

提示：最后所有的水莲花数，都存放到从#500开始的一系列变量内。迭代是计算机解决问题的一种基本方法，即演算所有可能的答案。

练习 1.44　比较下面这个问题的三种解决方案有什么不同。

我国古代的数学家张丘建在《张丘建算经》里曾提出一个世界数学史上有名的百鸡问

题:"今有鸡翁一,直钱五;鸡母一,直钱三;鸡雏三,直钱一;凡百钱买鸡百只。问:翁、母、雏各几何?"

试编写宏程序,并记录所有符合条件的方案。

方案 1

```
O502
#1=0                                    (公鸡数)
#100=0                                  (寄存器初始地址)
WHILE [#1 LE100] DO1
  #2=0                                  (母鸡数)
  WHILE [#2 LE100] DO2
    #3=0                                (小鸡数)
    WHILE [#3 LE 100] DO3
      #11=#1+#2+#3
      #12=#1*5+#2*3+#3/3
      IF [[#11 EQ100]AND[#12EQ100]]  GOTO10   (记录结果)
            GOTO20                            (退出循环)
        N10  #[#100+500]=#1
             #[#100+501]=#2
             #[#100+502]=#3
             #100=#100+3
        N20  #3=#3+1
    END3
    #2=#2+1
  END2
  #1=#1+1
END1
M30
```

在 VERICUT 软件中,运行程序后,可从变量列表中,查看程序执行结果(图 1-25)。一共出现了两组答案:第一组是公鸡 8 只,母鸡 11 只,小鸡 81 只;第二组是公鸡 12 只,母鸡 4 只,小鸡 84 只。

提示:变量被存储到从#500 开始的变量中。由于循环深度不够,又加入了一级 IF 循环。

扫码看视频:
练习 1.44

方案 2

```
O502
#1=0                                    (公鸡数)
#100=0                                  (寄存器初始地址)
WHILE [#1 LE100] DO1
  #2=0                                  (母鸡数)
  WHILE [#2 LE100] DO2
    #3=100-#1-#2                        (小鸡数)
    #10=#1*5+#2*3+#3/3                  (鸡的价格)
      WHILE [#10 EQ 100] DO3
```

```
            #[#100+500]=#1              (记录结果)
            #[#100+501]=#2
            #[#100+502]=#3
            #100=#100+3
            #10=#10+1
            END3
        #2=#2+1
      END2
  #1=#1+1
  END1
  M30
```

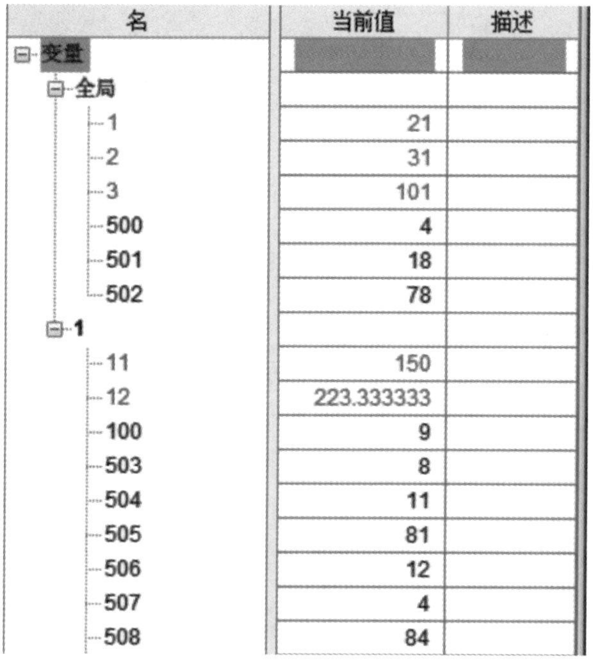

名	当前值	描述
变量		
全局		
1	21	
2	31	
3	101	
500	4	
501	18	
502	78	
1		
11	150	
12	223.333333	
100	9	
503	8	
504	11	
505	81	
506	12	
507	4	
508	84	

图 1-25 程序执行结果

提示： 恰当的逻辑结构，可以使用尽可能少的循环去解决问题。编写流程图是解决这种问题的一种捷径。

方案 2 的改进

```
O502
#1=0                                (公鸡数)
#100=0                              (寄存器初始地址)
WHILE [#1 LE20] DO1                 (公鸡数量不可能超过20只)
  #2=0                              (母鸡数)
  WHILE [#2 LE30] DO2               (母鸡数量不可能超过30只)
    #3=100-#1-#2                    (小鸡数)
    #10=#1*5+#2*3+#3/3              (鸡的价格)
      WHILE [#10 EQ 100] DO3
```

```
            #[#100+500]=#1            (记录结果)
            #[#100+501]=#2
            #[#100+502]=#3
            #100=#100+3
            #10=#10+1
         END3
      #2=#2+1
   END2
#1=#1+1
END1
M30
```

提示：当我们能预判到"公鸡"的数量不可能超过 20 只,"母鸡"的数量不可能超过 30 只时,就可以减少不必要的循环时间,从而提高宏程序的执行效率。

练习 1.45 工件零点在工件表面中心点（图 1-26），采用 φ8 钻头钻孔。下面用两个方案,分别编写分度钻孔的程序。

方案 1 流程图见图 1-27。

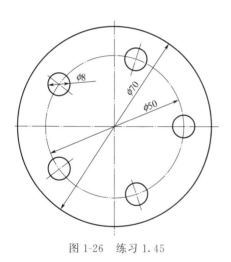

图 1-26 练习 1.45

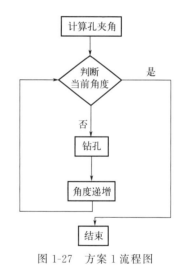

图 1-27 方案 1 流程图

```
O1
G90 G00 G54 X0 Y0
M3 S800
Z100
Z5
G81 Z-10 F80 L0
#1=0
#2=360/5
```

```
#3=4*[360/5]           (最后一个孔和 X 轴夹角)
WHILE [#1LE#3]DO1
  #11=25*COS[#1]
  #12=25*SIN[#1]
  X#11 Y#12
  #1=#1+#2
END1
G80 Z100
M30
```

方案 2 流程图见图 1-28。

```
O2
G90 G00 G54 X0 Y0
M3 S800
Z100
Z5
G81 Z-10 F80 L0
#1=1
WHILE [#1LE5]DO1
  #10=[#1-1]*360/5    (当前孔的夹角)
  #11=25*COS[#10]
  #12=25*SIN[#10]
  X#11 Y#12
  #1=#1+1
END1
G80 Z100
M30
```

思考题：如果孔的个数变成了图 1-29 的 7 个孔均布，或 17 孔均布，上面的两个方案都能适应吗？

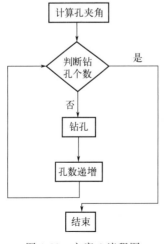

图 1-28 方案 2 流程图

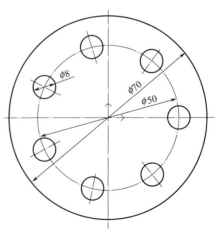

图 1-29 7 个孔均布

提示：当孔的夹角是整数时，不存在误差累积。当孔的夹角是小数时，孔的夹角累积却可能带入误差。如何消除循环累积误差，也是宏编程的一个技巧。

练习 1.46 阅读程序，观察变量的变化过程。

问题：当程序执行完后，刀具的坐标位置 X _____ Y _____。

```
O11
G90 G00 G54 X0 Y0
M3 S500
#1=10
#2=16
#3=0
WHILE [#1 LE #2] DO1
   #3=#3+#1
   #1=#1+2
   G01 X#1 Y#3 F80
END1
M30
```

练习 1.47 宏程序函数的缩写。

程序如下：

```
O2
G90 G00 G54 X0 Y0
M3 S800
Z100
Z5
G81 Z-10 F80 L0
#1=0
#2=360/5
#3=1      (最后一个孔和 X 轴夹角)
WH [#1LE5]DO1
   #10=
   #11=25*CO [#10]
   #12=25*SI [#10]
   X#11 Y#12
   #1=#1+#2
EN1
G80 Z100
M30
```

提示：宏程序函数允许使用函数的前两个字母来简写函数。例如：ABS 可简化成 AB；SIN 可简化成 SI；COS 可简化成 CO；ROUND 可简化成 RO；WHILE 可简化成 WH；等等。

1.5 FANUC 0i 常用系统变量的介绍

不同的 FANUC 控制器，其系统变量的定义不尽相同。即使相同的控制器，也有不同的存储类型，其系统变量的定义也有很大区别。在这里仅以 FANUC 0i 控制器、C 类存储器为例，进行系统变量的讲解和练习。

如果使用的控制器是功能更强大的 FANUC 15 系列等，可以通过系统编程说明书，查找对应功能的系统变量。

1.5.1 用于数据设置的系统变量

在同种零件的批量加工中，生产过程中要严格控制偏置量的输入。在加工期间，手工调整工件零点偏置、刀具补偿参数费时费力。使用现代化的工具，例如自动换刀系统、工业机器人、刀具破损检测、自动对刀、自动交换工作台等，需要编程员必须知道所有的原始偏置，并通过程序流程存储到相应的偏置寄存器中。这里所说的数据或原始偏置，主要是工件坐标系数据和刀具补偿数据。

理解偏置量数据设置对宏程序来说，非常重要。

FANUC 系统使用准备指令 G10 来设置数据。在面板上以 OFFSET 方式输入工件坐标系和刀具补偿参数是非常容易的，适合绝大多数情况。使用 G10 输入工件坐标系和刀具补偿参数，是通过运行程序输入的，这在加工中心机床上是适合的，特别是拥有可交换工作台的加工中心。

(1) 使用 G10 输入工件坐标系偏置

```
G10  L2  P_  X_  Y_  Z_          (对于多轴机床还有 A、B、C)
```

注释：

L2，对应工件坐标的偏置输入。

P，取值 1～6，分别赋值对应的 6 个工件坐标系 G54～G59（P1＝G54、P2＝G55、P3＝G56、P4＝G57、P5＝G58、P6＝G59）。

提示：P 值还可以取 0，即 P0＝EXT。

X、Y、Z，工件坐标零点的偏置值。

▶ **练习 1.48** 在程序中通过 G10 指令把对刀结果写入工件坐标系 G54。

```
O1
G90
G10 L2 X100 Y200 Z300
M30
```

运行结果：该程序将会把 X100 Y200 Z300 输入到 G54 工件偏置寄存器中（见图 1-30）。

```
O2
G91
G10 L2 X100 Y200 Z300
M30
```

运行结果：该程序将会把 X100 Y200 Z300 和 G54 工件偏置寄存器中原有数值累加。假设原先 G54 中的数值是 X12 Y13 Z−10，见图 1-31。则执行程序 O2 后，G54 中的数值为 X112 Y213 Z290，见图 1-32。

提示：绝对模式（G90）下使用 G10 代码，可以提高程序的清晰度。

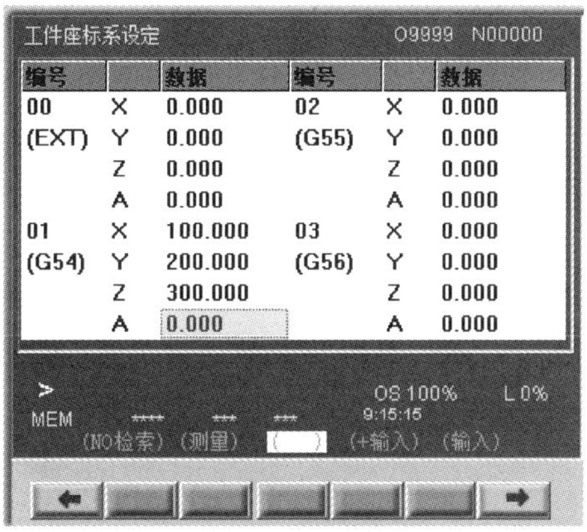

图 1-30 输入数值

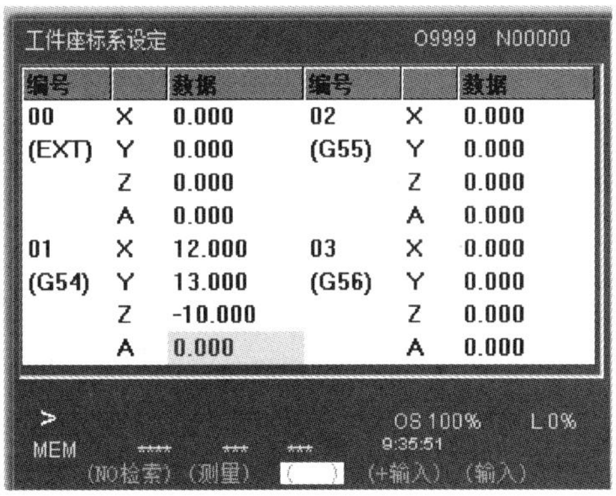

图 1-31 程序执行前

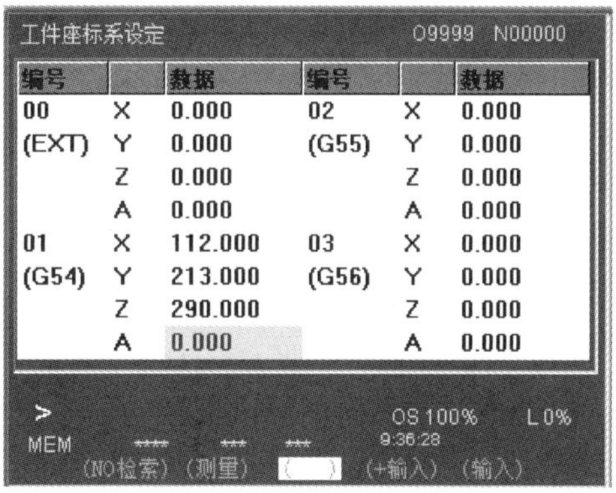

图 1-32 程序执行后

练习 1.49 完成图 1-33 零件的编程。

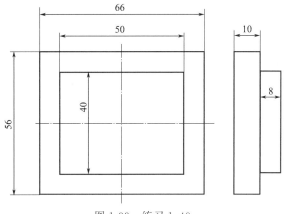

图 1-33 练习 1.49

工件零点在工件上表面中心点,采用 φ16 HSS(高速钢)铣刀加工。

对刀后,工件零点的偏置值是:X-302.5　Y-298　Z-378.201。

程序如下:

```
O3
G90
G10 L2 X-302.5 Y-298 Z-378.201
G00 G54 X-43 Y38
M3 S450
Z100
Z5
G01 Z-8 F60
G41 D1 Y20
X25
Y-20
X-25
Y38
G40 X-43
G00 Z100
M30
```

(2) 使用系统变量输入工件坐标系偏置

G10 功能通常作为控制系统的可选功能,有些控制单元可能没有此项功能。但不要灰心,当系统不支持 G10 功能时,我们可以使用系统变量来输入工件坐标系偏置。实际上 G10 指令同样也是使用系统变量给偏置寄存器输入数值的。

下面是工件坐标系 G54～G59 对应的系统变量:

#5221 对应 G54 的 X;

#5222 对应 G54 的 Y;

#5223 对应 G54 的 Z;

#5224 对应 G54 的 A;

#5225 对应 G54 的 B;

#5226 对应 G54 的 C;

#5241～#5248 分别对应 G55 的 X、Y、Z、A、B、C;

#5261～#5268 分别对应 G56 的 X、Y、Z、A、B、C;

#5281～#5288 分别对应 G57 的 X、Y、Z、A、B、C;

#5301～#5308 分别对应 G58 的 X、Y、Z、A、B、C;

#5321～#5328 分别对应 G59 的 X、Y、Z、A、B、C。

练习 1.50　在程序中利用系统变量把对刀结果写入工件坐标系 G54。

程序如下:

```
O1
#5221=100
#5222=200
#5223=300
M30
```

结果：该程序将会把 X100 Y200 Z300 输入到 G54 工件偏置寄存器中。

(3) 使用 G10 输入刀具补偿

```
G10  L_  P_  R_
```

注释：

L，L10 对应几何偏置量 H（刀具长度补偿）；L12，对应几何偏置量 D（刀具半径补偿）。
P，取值 1～200，分别对应 1～200 刀具偏置寄存器号。
R，对应的寄存器输入数值。

练习 1.51 在程序中通过 G10 指令把对刀结果写入刀具长度补偿。
程序如下：

```
O1
G90
G10 L10 P1 R20
G10 L12 P1 R8
M30
```

结果：该程序将会把 20 输入到 1 号几何偏置寄存器 H1 中，把 8 输入到 1 号几何偏置寄存器 D1 中，见图 1-34。

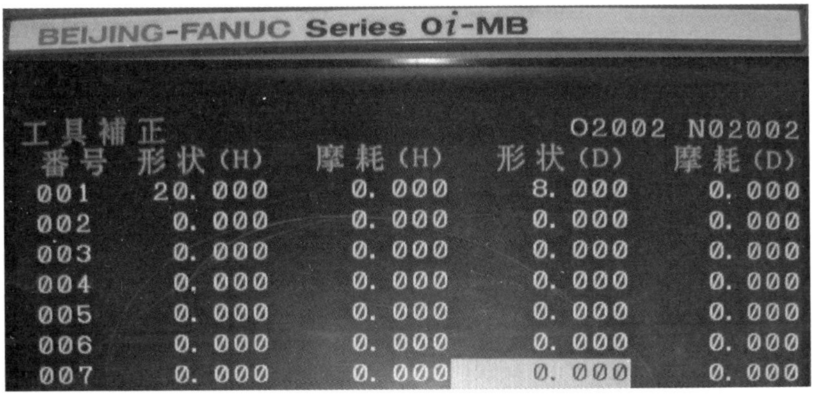

图 1-34　练习 1.51 结果

```
O2
G91
G10 L10 P1 R20
G10 L12 P1 R8
M30
```

结果：该程序将会把 20 和几何偏置寄存器 H1 中原有数值（图 1-35）累加，把 8 和几何偏置寄存器 D1 中原有数值累加（图 1-36）。

提示：绝对模式（G90）下使用 G10 代码，可以提高程序的清晰度。

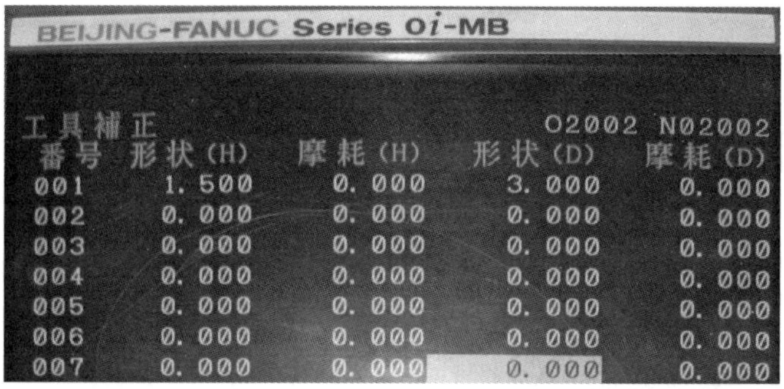

图 1-35 执行前

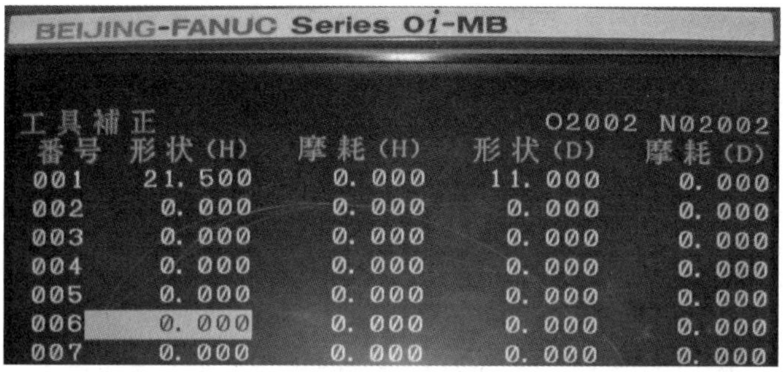

图 1-36 执行后

练习 1.52 完成图 1-37 零件的编程。

工件零点在工件上表面中心点,采用 φ16 HSS 铣刀加工。

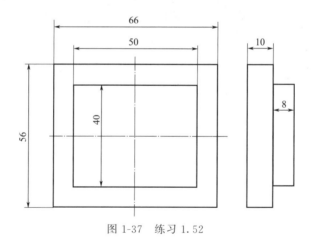

图 1-37 练习 1.52

对刀后,工件零点的偏置值:X-302.5 Y-298 Z-378.201。刀具长度补偿是 124.5,刀具半径补偿是 8。程序如下:

```
O3
G90
G10 L2 X-302.5 Y-298 Z-378.201
G10 L10 P1 R124.5
G10 L12 P1 R8
```

```
;                    (空行,分开偏置输入与加工程序)
G00 G54 X-43 Y38
M3 S450
G43 H1 Z100
Z5
G01 Z-8 F60
G41 D1 Y20
X25
Y-20
X-25
Y38
G40 X-43
G00 Z100
M30
```

(4) 使用系统变量输入刀具几何偏置

在控制系统不支持 G10 功能时,我们也可以使用系统变量来输入刀具几何偏置。同样 G10 指令也是使用系统变量给刀具几何偏置寄存器输入数值的。

刀具长度补偿(几何偏置)H 对应的系统变量:

#11001(或 #2201)对应 H1;
#11002(或 #2202)对应 H2;
#11003(或 #2203)对应 H3;
#11004(或 #2204)对应 H4;
#11005(或 #2205)对应 H5;
#11006(或 #2206)对应 H6;
#11007(或 #2207)对应 H7;
……
#11201(或 #2401)对应 H200。

刀具半径补偿(几何偏置)D 对应的系统变量:

#13001 对应 D1;
#13002 对应 D2;
#13003 对应 D3;
#13004 对应 D4;
#13005 对应 D5;
#13006 对应 D6;
#13007 对应 D7;
……
#13200 对应 D200。

练习 1.53 在程序中利用变量把对刀结果写入刀具补偿寄存器。

```
O1
#10002=123
#12002=8
M30
```

结果：该程序将会把123输入刀具几何偏置寄存器H2，把6输入刀具几何偏置寄存器D2。

练习1.54 完成图1-38零件的编程。

在小零件的大批量加工中，通常在工作台上要安装多个相同的零件。为了调试程序更加方便，采用了同一个零件加工程序。

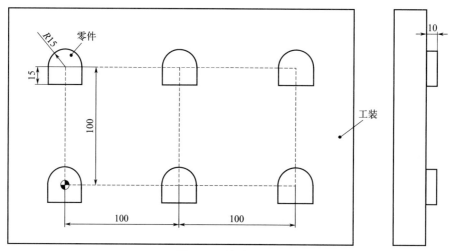

图1-38 练习1.54

已知条件：

① 左下角零件的编程零点（R15圆心）经对刀测得为X-209.8 Y-176.976 Z0。

提示：为简化操作，采用了相对对刀，所以工件表面定为Z0。

② 粗加工采用φ16铣刀，刀具长度补偿H1=-235.6，刀具半径补偿D1=8.2；精加工采用φ10铣刀，刀具长度补偿H2=-256.76，刀具半径补偿D2=4.98

参考程序：

```
O1                                  (主程序主要用于设定数据偏置)
G90
G10 L10 P1 R-235.6                  (输入刀具补偿参数)
G10 L12 P1 R8.2
G10 L10 P1 R-256.76
G10 L12 P2 R4.98
#1=1
    WHILE [#1 LE 2] DO1
      #2=1
      WHILE [#2 LE 3] DO21
          #11=-209.8+[#2-1]*100
          #12=-176.976+[#1-1]*100
          G10 L2 P1 X#11 Y#12 Z0    (设定工件坐标系)
          M98 P101                  (调用零件程序)
      #2=#2-1
    END2
```

```
#1=#1-1
END1
M30
(子程序)
O101
M06 T1(粗铣)
G90 G54 G00 X0 Y30
M3 S450
G43 H1 Z100
Z5
G01 Z-10 F60
G41 D1 Y15
G02 X15 Y0 R15
G01 Y-15
X-15
Y0
G02 X0 Y15 R15
G40 G01 Y30
G00 Z100
;
M06 T2 （精铣）
G90 G54 G00 X30 Y-30
M3 S450
G43 H2 Z100
Z5
G01 Z-10 F60
G41 D2 Y-15
X-15
Y0
G02 X15 R15
G01 Y-30
G40 X30
G00 Z100
M30
```

1.5.2 用于模态数据的系统变量

在宏程序中，经常使用系统变量处理模态数据。所有的数控编程课程中都有关于模态的解释。下面用两个程序来解释模态。

程序1

```
O21
N10  G90 G54 G00 X0 Y0
N20  M3 S500
```

```
N30    G43 H1 Z100
N40    Z5
N50    G01 Z-5 F80
N60    Y-10
N70    G02 J10
N80    G00 Z100
N90    M05
N100   M30
```

解释：
- S500 在 N20 程序段指定后，从 N30～N80 程序段一直有效，即使到 M30 依然有效，并且能一直模态到下一个程序。相同的代码还有 F、H。
- 在 N40 程序以 G00 的速度运行，因为 G00 在 N10 程序已经指定。直到 N50 程序段出现同组 G 代码 G01，才结束 G00 状态。

程序 2　如果开机并返回参考点后，运行的第一个程序是下面的程序 O22。在程序段 N10，是执行 G00 X0 Y0 还是 G01 X0 Y0 将由系统默认值决定。当执行到程序段 N50 时，会出现什么情况呢？

```
O22
N10    G54 X0 Y0
N20    M3 S500
N30    G43 H1 Z100
N40    Z5
N50    G01 Z-5
N60    Y-10
N70    G02 J10
N80    G00 Z100
N90    M05
N100   M30
```

讨论：如果开机并返回参考点后，运行的第一个程序是 O21。在执行完 O21 后，再执行程序 O22 又会出现什么情况呢？

编程时，正确使用模态可以简化编程。不恰当地使用模态，或忽略模态，将会使程序存在安全隐患。同样，我们也必须知道机床的开机模态代码，这是一个编程员成熟的表现。

（1）用于 G 代码模态的系统变量（表 1-2）

表 1-2　FANUC 0i 系统变量对应的 G 代码模态信息

系统变量号	G 代码组	G 代码
#4001	1	G00　G01　G02　G03
#4002	2	G17　G18　G19
#4003	3	G90　G91
#4004	4	G22　G23
#4005	5	G93　G94　G95

续表

系统变量号	G代码组	G代码
#4006	6	G20 G21
#4007	7	G40 G41 G42
#4008	8	G43 G44 G45
#4009	9	G73 G74 G76 G80 G81 G82 G83 G84 G85 G86 G87
#4010	10	G98 G99
#4011	11	G50 G51
#4012	12	G65 G66 G67
#4013	13	G96 G97
#4014	14	G54 G55 G56 G57 G58 G59
#4015	15	G61 G62 G63 G64
#4016	16	G68 G69
#4017	17	G15 G16

练习1.55 记录各组G代码的当前状态。

```
O1
G40 G17
G90 G00 G57 X0 Y0
#1=#4003        (#1=0  第3组第1个代码)
#2=#4002        (#2=0  第2组第1个代码)
#3=#4014        (#3=3  第14组第4个代码)
#4=#4001        (#3=0  第13组第1个代码)
M30
```

提示：系统变量模态值的返回是0、1、2、3…分别对应当前组第一个，第二个，第三个，第四个代码。以第14组代码为例：

当前有效代码是G54时，#4014=0；

当前有效代码是G55时，#4014=1；

当前有效代码是G56时，#4014=20；

……

练习1.56 编写图1-39零件的轮廓精加工程序。

工件坐标系G54的零点在工件上表面中心点；采用φ8铣刀精铣工件。

```
O1
M6T1
G40 G17
G90 G00 G54 X-50 Y-20
M3 S650
G43 H1 Z100
Z5
G01 Z-5 F80
```

```
G42 D1 Y-10
G91 X25
Y30
X-10
Y-40
G40 X-10
M98 P102
G41 X25
Y40
X10
Y-30
X-20
G40 Y-10
G00 Z100
M30
```

```
O102
#1=#4003        (记住G91状态)
G90 G01 X0      (G90绝对编程模式)
G41 Y-10
G02 J10
G40 G01 Y-10
G#1             (恢复G91状态)
M99
```

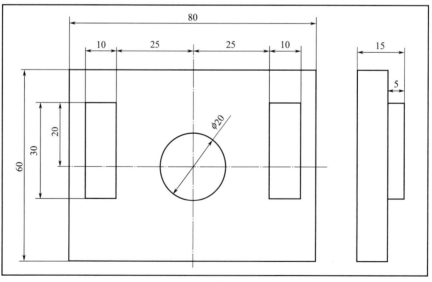

图1-39　练习1.56

加工模拟轨迹图见图1-40。

提示：在宏程序中会使用大量的G代码，大部分都是模态代码，当退出宏程序时，其中的代码将会继续有效。这就带来一些潜在的问题，当程序出现问题时，很难找到症结在哪儿。

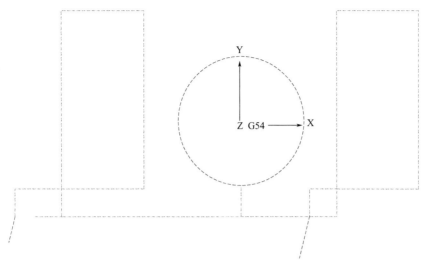

图 1-40　加工模拟轨迹图

保存当前的 G 代码值，是为了方便以后恢复主程序中的初始值。

通常我们只需记住几组经常需要保存的即可：

1 组 G 代码，#4001（G00、G01、G02、G03 状态）；

3 组 G 代码，#4003（G90、G91 状态）。

（2）用于当前位置的系统变量

机床坐标系坐标值：

#5021，机床坐标系 X 轴坐标值；

#5022，机床坐标系 Y 轴坐标值；

#5023，机床坐标系 Z 轴坐标值；

#5024，机床坐标系 A 轴坐标值。

工件坐标系坐标值：

#5001，工件坐标系 X 轴坐标值；

#5002，工件坐标系 Y 轴坐标值；

#5003，工件坐标系 Z 轴坐标值；

#5004，工件坐标系 A 轴坐标值。

练习 1.57　下面是一个模仿 G81 的程序。

```
O1
G40 G17
G90 G00 G54 X20 Y20
M3 S650
Z100
Z5
M98  P101
X-20
```

```
M98  P101
Y-20
M98  P101
X20
M98  P101
G00 Z100
M30
```

```
O101
#1=#5003         (记住工件坐标系 Z 值)
G01 Z-8 F80
G00 Z#1          (坐标系 Z 值)
M99
```

(3) 用于切削用量的系统变量

主轴转速 S 对应系统变量#4119。
进给速度 F 对应系统变量#4109。

1.5.3 用于 PLC 的系统变量

(1) #3000 用户宏程序产生报警

使用系统变量#3000，宏程序可以输出报警。#3000 后面是一个报警号（1~999）和一条报警信息，报警信息用小括号（也有的系统是中括号）括起来。例如：

```
#3000=12(NO CIRCLE)
```

执行到此程序段时，机床屏幕显示红色报警信息：3012 NO CIRCLE。
其中：报警号为 3012（3000+12）；"NO CIRCLE" 为报警信息。

练习 1.58 报警示例。

```
O1
G40 G17
G90 G00 G54 X20 Y20
M3 S6500
Z100
Z5
M98 P105
G00 Z100
M30
```

```
O1051
#1=#4119
IF [#1 GT 3000] GOTO10
G01 Z-8 F80
Y-10
```

```
G02 J10
G00 Z5
GOTO20
N10 #3000=110(Tool Too Big)
N20 M99
```

提示：当程序中的主轴转速 S 超过 3000 时，屏幕会显示报警信息"3110 Tool Too Big"（图 1-41）。

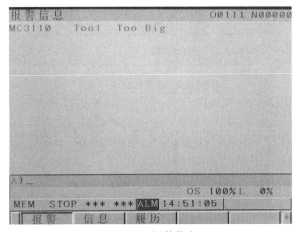

图 1-41 报警信息

(2) 行程开关

通常由机床厂家自定义，没有通用性。

练习 1.59 下面是一个双工作台机床用于检测工作台位置的小程序。

```
O1
#1=#1001        (变量#1001用于检测1号工作台的行程开关,1表示通,0表示断)
#2=#1002        (变量#1002用于检测2号工作台的行程开关,1表示通,0表示断)
IF [[#1 EQ1]AND[#2EQ0]] THEN #101=1    (1号台在机床外,2号台在机床内)
IF [[#2 EQ1]AND[#1EQ0]] THEN #102=1    (2号台在机床外,1号台在机床内)
IF [[#1 EQ1]AND[#2EQ1]] THEN #103=1    (1号台、2号台都在机床外)
IF [[#1 EQ0]AND[#2EQ0]] THEN #104=1    (1号台、2号台位置异常)
N60 M30
```

提示：程序运行结束后，通过变量#101～#104 来判断工作台的位置情况。

1.6 调用用户宏程序

1.6.1 普通子程序的调用

下面是一个钻孔攻螺纹的加工案例（图 1-42）。

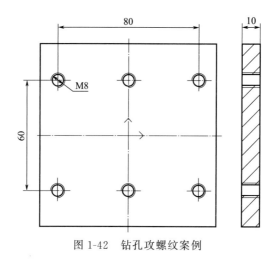

图 1-42 钻孔攻螺纹案例

程序 1

```
O1
M06 T1(中心钻)
G90 G00 G54 X-40 Y30
M03 S1500
G43 H1 Z100
Z5
G81 Z-2 F80
X0
X40
Y-30
X0
X-40
G80 Z100
```

```
M06 T2(φ6.7钻头)
G90 G00 G54 X-40 Y30
M03 S1000
G43 H2 Z100
Z5
G81 Z-15 F120
X0
X40
Y-30
X0
X-40
G80 Z100
```

```
M06 T3(M8丝锥)
G90 G00 G54 X-40 Y30
```

```
M03 S200
G43 H3 Z100
Z5
G84 Z-15 F250
X0
X40
Y-30
X0
X-40
G80 Z100
M30
```

程序 2

```
O1
M06 T1 (中心钻)
G90 G00 G54 X-40 Y30
M03 S1500
G43 H1 Z100
Z5
G81 Z-2 F80 K0
M98 P1002
G80 Z100

M06 T2 (φ6.7 钻头)
G90 G00 G54 X-40 Y30
M03 S1000
G43 H2 Z100
Z5
G81 Z-15 F120 K0
M98 P1002
G80 Z100

M06 T3 (M8 丝锥)
G90 G00 G54 X-40 Y30
M03 S200
G43 H3 Z100
Z5
G84 Z-15 F250
M98 P1002 K0
G80 Z100
M30

O1002
X-40 Y30
```

```
X0
X40
Y-30
X0
X-40
M99
```

提示：很显然使用子程序降低了编程的工作量，使程序的格式更清晰、编辑更方便。

用户宏程序和子程序非常相似。用户宏程序和子程序总是以 M99 的方式结束调用，用户宏程序通常用 G65 调用，而子程序用 M98 调用。使用用户宏程序和子程序有着同样的目的：简化编程，提高程序清晰度。

作为子程序的延伸扩充，用户宏程序有些功能是子程序不具备的。用户宏程序中的变量不在当前程序体中定义，而是通过调用指令赋值。典型的用户宏程序在使用时，具有更多的灵活性和方便性。

1.6.2 用户宏程序的调用

(1) 宏调用指令 G65

G65 指令既可以调用用户宏程序，也可以调用普通的子程序。其调用格式如下：

```
G65  Pn  (n 为程序号)
```

练习 1.60 宏调用指令 G65 示例。

```
O1
G90 G00 G54 X0 Y0
M3 S500
G43 H1 Z100
N10  G65 P1001          (使用 G65 调用普通子程序)
N20  G65 P1002 F80      (使用 G65 调用用户宏程序)
M30
```

```
O1002
G01 X100 F80
Y50
M99
```

```
O1002
G01 X100 F#9
Y50
M99
```

提示：主程序中 N10 程序段和 N20 程序段的实际加工效果完全一样。但是 O1001 就是一个普通的子程序，而 O1002 是用户宏程序。

(2) G65 的数据传递

G65 的功能不仅仅是简单的调用"用户宏程序"，它还可以通过局部变量对应的字母向"用户宏程序"传递数据。

局部变量与字母的对应关系见表 1-3。

表 1-3 局部变量与字母的对应关系

自变量地址	局部变量	自变量地址	局部变量
A	#1	Q	#17
B	#2	R	#18
C	#3	S	#19
I	#4	T	#20
J	#5	U	#21
K	#6	V	#22
D	#7	W	#23
E	#8	X	#24
F	#9	Y	#25
H	#11	Z	#26
M	#13		

练习 1.61 自变量的应用。

```
O1
G90 G00 G54 X0 Y0
M3 S500
G43 H1 Z100
G65 P1001 A60    (A60 对用户宏程序中的变量 #1 赋值 60)
M30
```

```
O1001
G01 X100 F#1
Y50
M99
```

提示：用户宏程序中的进给速度是 F60。

练习 1.62 完成图 1-43 零件的编程。
工件坐标系在工件上表面中心点，采用 φ16 HSS 铣刀完成零件的粗精加工。

```
O1
G90 G00 G54 X0 Y0
G43 H1 Z100
G65 P1001 S450 F50    （粗加工）
G65 P1001 S600 F80    （精加工）
G00 Z100
M30
```

```
O1001
G00 X0 Y60
M3 S#19
Z5
```

```
G01 Z-3 F#9
G41 D1 X10.443 Y37.943
G02 X37.943 Y10.443 R20
G03 Y-10.443 R20
G02 X10.443 Y-37.943 R20
G03 X-10.443 R20
G02 X-37.943 Y-10.443 R20
G03 Y10.443 R20
G02 X-10.443 Y37.943 R20
G03 X10.443
G40 G01 X0 Y60
G00 Z100
M99
```

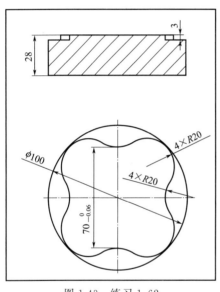

图 1-43 练习 1.62

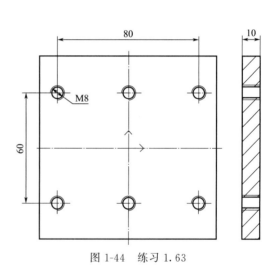

图 1-44 练习 1.63

练习 1.63 通过用户宏程序来完成图 1-44 零件的加工。

主程序：

```
O1
M06 T1(中心钻)
G65 P1002 S1500 H1 M81 Z-2 F100

M06 T2 (φ6.7钻头)
G65 P1002 S1000 H2 M81 Z-15 F120

M06 T3(M8丝锥)
G65 P1002 S200 H2 M84 Z-15 F250
M30
```

```
O1002
G90 G00 G54 X-40 Y30
M3 S#19
G43 H#13 Z100
Z5
G#13 Z#26 F#9
X0
X40
Y-30
X0
X-40
G80 Z100
M99
```

注释：

S1500，通过局部变量#19定义主轴转速；

H1，通过局部变量#11定义刀具长度补偿；

M81，通过局部变量#13定义孔加工循环G代码；

Z-2，通过局部变量#26定义切削深度；

F100，通过局部变量#9定义进给速度。

提示：用户宏程序使程序更短小，加工更灵活。

(3) G65与M98的区别

G65指令在调用用户宏程序时，通过特定的局部变量向子程序传递数据，而M98指令只能调用用户宏程序而不能传递数据。在调用普通的子程序时，G65和M98是没有区别的。

练习1.64 普通子程序的调用。

```
O1
G90 G00 G54 X0 Y0
M3 S500
G43 H1 Z100
N10   G65 P1001
N20   G65 P1002
M30
```

```
O2
G90 G00 G54 X0 Y0
M3 S500
G43 H1 Z100
N10   M98 P1001
N20   M98 P1002
M30
```

```
O1001
G01 X100 F80
Y50
M99
```

```
O1002
#9= 60
G01 X-100 F#9
Y-50
M99
```

提示：程序 O1 和程序 O2 的效果完全一样，因为 O1001 和 O1002 都是普通的子程序。

练习 1.65 宏程序与普通子程序的调用区别。

```
O1
G90 G00 G54 X0 Y0
M3 S500
G43 H1 Z100
N20   G65 P1002
M30
```

```
O2
G90 G00 G54 X0 Y0
M3 S500
G43 H1 Z100
N20   M98 P1002
M30
```

```
O1002
G01 X-100 F#9
Y-50
M99
```

提示：程序 O1 和程序 O2 都不能完成零件加工，因为 O1002 中变量 #9 的值是空。程序 O1 可以通过修改程序段"N20 G65 P1002 F80"来完成零件的加工，程序 O2 却不能通过修改程序段 N20 完成加工，因为 O1002 是用户宏程序，M98 无法向用户宏程序中的变量 #9 传递数据。

1.6.3　用户宏程序的模态调用

G65 被定义为宏调用指令，但是 G65 不是模态指令，当第二次调用时，必须重新定义所有的变量。在连续调用用户宏程序时，使用模态调用指令 G66 可以简化编程。

格式：

G66 Pn：模态调用用户宏程序；

G67：取消模态调用。

注释：G66 程序段仅指定用户宏程序模态调用，并通过局部变量向用户宏程序传递参数，而不调用用户宏程序。一旦发出 G66 指令，则在有轴移动的程序段后调用用户宏程序，并且在 G66 指令后的程序段中不能再通过局部变量对用户宏程序赋值。

例如：

```
O1
M06 T1  (φ8钻头)
G90 G00 G54 X0 Y0
M3 S500
G43 H1 Z100
Z5
N10 G66 P9008 X0 Y0 Z-9 F80
N20 X10
N30 Y10 F60
N40 X0
G67
G00 Z100
M30
```

```
O9008
G01 Z#26 F#9
G00 Z5
M99
```

程序注释:

① N10 程序段并不在 X0 Y0 位置钻孔,仅通过程序字 Z-9 F80 向用户宏程序 O9008 传递了参数#26(-9) 和#9(80)。

② N20 在 X10 Y0 位置,执行 O9008。

③ N30 试图通过 F60 向用户宏程序 O9008 传递数据,会产生系统报警。解决方法是把此程序段中的 F60 去掉。

④ N40 在 X0 Y10 位置调用 O9008。

下面通过一个练习来说明为什么使用 G66。

练习 1.66 零件见图 1-45,工件坐标系零点在工件上表面中心点,采用 φ10 铣刀完成工件的铣削循环。

在程序 1 中采用 G65 指令调用用户宏程序,完成零件的编程;在程序 2 中用 G66 指令模态调用用户宏程序,完成零件的编程。

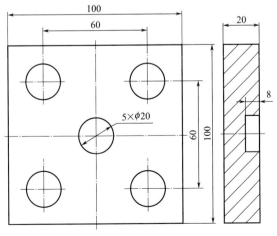

图 1-45 练习 1.66

用户宏程序：

```
O8001
#1=#4003      （当前编程模式 G90 或 G91）
#2=#5003      （当前 Z 坐标值）
G01 Z#26 F#9
G91 G41 D#7 Y-10
G90 G03 J10
G91 G40 G01 Y10
G90 G00 Z#2
#4003=#1
M99
```

程序 1（使用 G65）：

```
O1
G90 G00 G54 X0 Y0
M3 S800
Z100
Z5
G65 P8001 Z-8 D1 F60
N10  X30 Y30
G65 P8001 Z-8 D1 F60
N20  X30 Y-30
G65 P8001 Z-8 D1 F60
N30  X-30 Y30
G65 P8001 Z-8 D1 F60
N40  X-30 Y-30
G65 P8001 Z-8 D1 F60
G00 Z100
M30
```

程序 2（使用 G66）：

```
O1
G90 G00 G54 X0 Y0
M3 S800
Z100
Z5
G66 P8001 Z-8 D1 F60
N1   X0 Y0
N10  X30 Y30
N20  X30 Y-30
N30  X-30 Y-30
N40  X-30 Y30
G67
G00 Z100
M30
```

提示：由于用户宏程序 O8001 的起点和终点的 XY 坐标值相同，所以程序段 N10～N40 还可简化如下：

```
N1    X0 Y0
N10   X30 Y30
N20   Y-30
N30   X-30
N40   Y30
```

练习 1.67 下面我们通过 G66 调用用户宏程序来完成图 1-42 零件的加工。

注释：T1，中心钻；T2，ϕ6.7 钻头；T3，M8 丝锥。

```
O1
G90
G65 P1002 T1 S1500 H1 M81 Z-2 F100
G65 P1002 T2 S1000 H2 M81 Z-15 F120
G65 P1002 T3 S200 H2 M84 Z-15 F250
M30
```

```
O1002
M06 T#20
G90 G00 G54 X-40 Y30
M3 S#19
G43 H#13 Z100
Z5
G#13 Z#26 F#9
X0
X40
Y-30
X0
X-40
G80 Z100
M99
```

注释：

S1500：通过局部变量 #19 定义主轴转速；

H1：通过局部变量 #11 定义刀具长度补偿；

M81：通过局部变量 #13 定义孔加工循环 G 代码；

Z-2：通过局部变量 #26 定义切削深度；

F100：通过局部变量 #9 定义进给速度。

1.6.4 用户宏程序的保护与隐藏

前面我们编写了很多程序，包括子程序和用户宏程序，可是我们并没有关心程序号的选择。FANUC 系统允许我们在 O0001～O9999 的范围内任意选择程序号，但是它们的权限却是不一样的。

用户宏程序是数控编程员经验和技巧的积累,是用来简化编程工作量的工具,甚至被自定义为 G 代码。这说明我们在日常的零件编程中,可能随时调用这些程序,那么保护这些用户宏程序不被编辑或误删除就显得非常重要了。

表 1-4 是 FANUC 程序的分组。

表 1-4 FANUC 程序分组

程序号	组别	用途
O0001~O7999	1	可用于任何程序,没有任何的限制
O8000~O8999	2	具有 1 组的所有功能; 允许通过参数设置只读属性,并且不允许被删除
O9000~O9999	3	具有 2 组的所有功能; 允许设置只读和隐藏属性,并且不允许删除
O9000~O9049	4	允许用来定义一个新的 G 代码或 M 代码

注释:

① O8000~O8999 程序,可通过设定参数 No.3202#8(NE8)来设定保护。通常此类程序都要经过调试,确认无误后,才设定保护参数,见图 1-46。

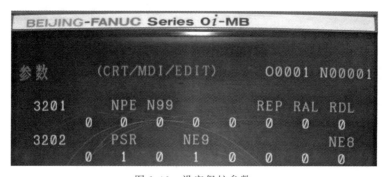

图 1-46 设定保护参数

参数#3202 中的 NE8=0,表示 O8000~O8999 程序没有设定保护

② O8000~O8999 程序,可通过设定参数 No.3202#4(NE9)设定保护,并且可通过密码设定参数#3210(PASSWD)和密码解锁参数#3211(KEYWD)设定密码保护。当参数#3210 的显示值为 0 时,表示密码没有设定。#3210 和#3211 参数不能在屏幕上显示,见图 1-47。

图 1-47 参数#3210

1.7 宏程序的调试验证

1.7.1 在数控机床上调试验证宏程序

在数控机床上调试验证宏程序是最直观的验证手段，可以通过机床运动来观察轨迹运动及变量变化，但是需要占用机床加工时间，只能利用机床没有加工任务的其余时间来进行。

另外一个要考虑的因素是在机床上模拟宏程序的安全性。为了避免模拟加工时，产生干涉或碰撞，可以事先把零件坐标系的 Z 值输入 100 或 200，这样在运行程序时，刀具距离工件有一定距离，以便有足够时间去暂停程序运行。

在数控机床模拟程序时，可以通过变量窗口（图 1-48），观察变量的变化。

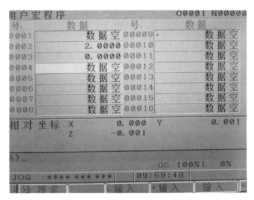

图 1-48　变量窗口示意图

1.7.2 VERICUT 软件模拟

① 使用 VERICUT 模拟宏程序的加工过程有很多的优点，可以直观地观察程序与运动轨迹（图 1-49）、程序与变量的变化（图 1-50），以及模拟三维加工效果（图 1-51）。

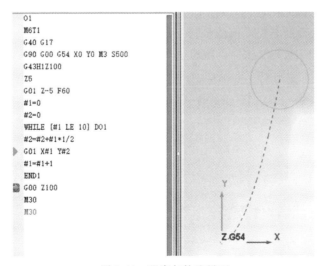

图 1-49　程序与轨迹界面

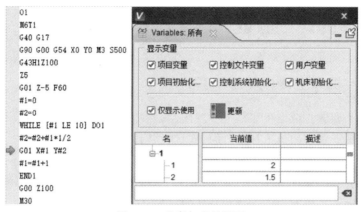

图 1-50　程序与变量界面

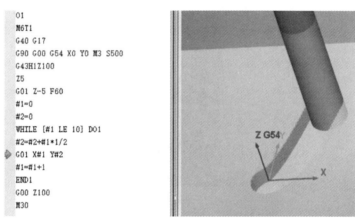

图 1-51　三维模拟界面

② 软件模拟的特点。VERICUT 软件模拟，可以及时准确地发现宏程序的语法错误、逻辑错误等问题，还可以看到加工效果是否符合工艺规划，而且 VERICUT 软件还支持常见的数控系统宏编程格式。

当然，要想用好 VERICUT，就需要一定的时间去学习这款专业的工艺过程模拟软件。

③ VERICUT 软件的宏程序模拟步骤。

第一步：打开 VERICUT 软件，新建一个项目。

第二步：调入一台 3 轴数控铣床，调入 FANUC 数控系统。

第三步：创建刀具。

第四步：添加毛坯。

第五步：对刀。

第六步：编写程序。

第七步：模拟程序。

1.7.3　Cimco Edit 软件模拟

Cimco Edit 软件模拟的特点如下。

① 观察程序与运动轨迹（图 1-52）以及程序与变量的变化（图 1-53）比较方便。

② Cimco Edit 软件具有简单易学、安全可靠的特点，可以及时准确地发现编程错误。

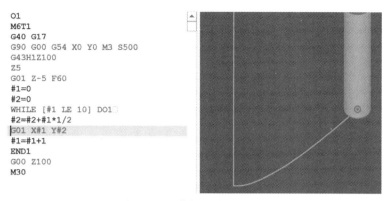

图 1-52　程序与运动轨迹界面

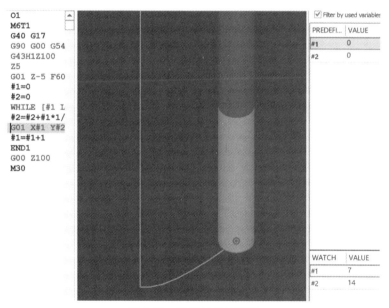

图 1-53　程序与变量界面

1.8　如何编写出好的宏程序

在宏程序编写过程中有两条基本规则：
① 步骤合理；
② 程序简洁。

本书中的练习和案例都坚持遵循这两条规则，以便能编写出高质量的宏程序。我们的目标就是用合理的方法来编写宏程序，并较好地进行组织，而不是随意地去直接编写宏程序。只要讲究方法，编写的程序自然简洁、高效。当然，我们的程序也就更容易理解。

对于初学者，先画出流程图，而后再按既定思路去编写程序，可以提高编程的效率。即使是经验丰富的编程员，使用流程图也可以缩短编程时间。

要想学好宏程序，需要持之以恒的努力，还需要多方面的知识积累，例如：

① 掌握一门计算机高级语言,可以使我们更快更好地掌握宏程序编程的技巧。

② 基本的数学知识,包括算术、几何、三角函数等,这些知识可以把学习宏程序变成一件很轻松、很有趣的事情。

③ 分析问题、解决问题也需要一些技巧。

④ 逻辑思维能力。

⑤ 耐心,可以使我们想出更多更好的办法。

不断地通过实践检验、再检验,你会成为一名优秀的宏编程员!

第 2 章 相似零件的加工案例

2.1 模具底板（图 2-1）

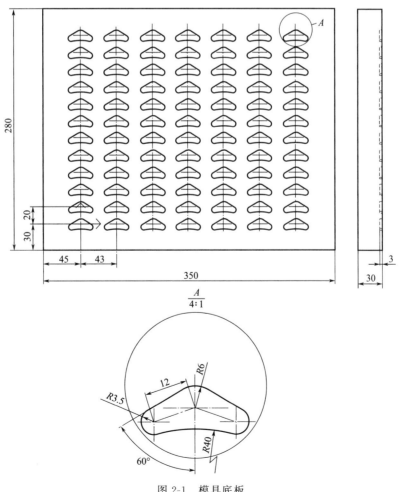

图 2-1 模具底板

(1) 编程分析

重复轮廓的矩阵加工,在工件的加工中经常遇到。我们首先要根据加工要求规划加工轨迹和加工顺序,不同的工艺员可能采用不同的方法。

下面介绍两种不同的加工轨迹(图 2-2、图 2-3),并根据轨迹图编写对应的程序 1 和程序 2。

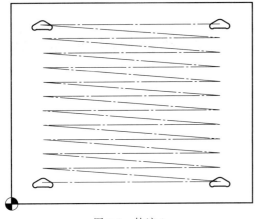

图 2-2 轨迹 1

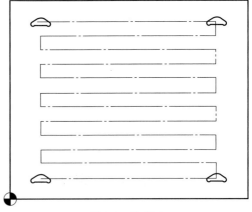

图 2-3 轨迹 2

(2) 编程条件

编程零点均定在工件上表面的左下角处,采用 $\phi 6$ 合金铣刀编程。

(3) 程序 1

```
O1
G00 G90 G54  X0Y0
M3 S3000
G43 H1 Z100
#1=5                        (行数)
#2=7                        (列数)
#3=12                       (行宽)
#4=15                       (列宽)
#24=45                      (左下角第一个孔的 X 坐标位置)
#25=30                      (左下角第一个孔的 Y 坐标位置)
#5=1
WHILE [#5LE#1] DO1
  #6=1
  WHILE [#6LE#2] DO2
    #11=#24+[#6-1]*#4
    #12=#25+[#5-1]*#3
      G52 X#11 Y#12         (在 R6 圆心建立局部坐标系)
      G00 X0 Y0
      Z5
      G01 Z-3 F180
      G41 D1 X-3 Y5.196 F400
```

```
              X-13.164 Y-0.672
              G03 X-10.496 Y-7.081 R3.5
              G02 X10.96 R40
              G03 X13.164 Y-0.672 R3.5
              G01 X3 Y5.196
              G03 X-3 R6
              G40 G01 X0 Y0
              G00 Z5
      #6=#6+1
    END2
    #5=#5+1
END1
M30
```

(4) 程序 2

```
O2
G00 G90 G54   X0Y0
M3 S1000
G43 H1 Z100
#1=5                                        (行数)
#2=7                                        (列数)
#3=12                                       (行宽)
#4=15                                       (列宽)
#24=45                                      (左下角第一个孔的 X 坐标位置)
#25=30                                      (左下角第一个孔的 Y 坐标位置)
#5=1
WHILE [#5LE#1] DO1
    #6=1
    WHILE [#6LE#2] DO2
      #11=#24+[#6-1]*#4                     计算 X 坐标
      #12=#25+[#5-1]*#3                     计算 Y 坐标
       #13=FIX[#5/2]*2                      (奇偶行判断)
       IF [#13EQ#5] THEN #11=#24+[#2-#6]*#4  (偶数行 X 坐标反方向计算)
       G52 X#11 Y#12                        (在 R6 圆心建立局部坐标系)
       G00 X0 Y0
       Z5
       G01 Z-3 F80
       G41 D1 X-3 Y5.196
       X-13.164 Y-0.672
       G03 X-10.496 Y-7.081 R3.5
       G02 X10.96 R40
       G03 X13.164 Y-0.672 R3.5
       G01 X3 Y5.196
       G03 X-3 R6
```

```
            G40 G01 X0 Y0
             G00 Z5
      #6=#6+1
    END2
     #5=#5+1
END1
M30
```

2.2 冲模型芯(图2-4)

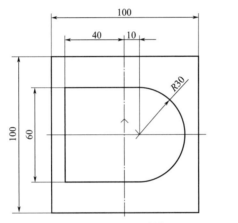
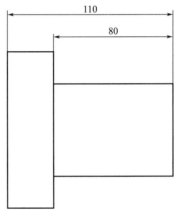

图 2-4 冲模型芯(毛坯:100×100×110)

(1) 编程分析

在实际切削当中,特别是高速加工中,为了减小切削抗力,避免机床负载的剧烈变化,刀具每次的切削深度必须限定在一定范围内。利用宏程序可以实现刀具在 Z 方向的分层切削。

扫码看视频
2.2 节案例

(2) 编程条件

编程零点定在工件上表面中心,采用 φ16 双刀粒合金铣刀编程。

(3) 程序

```
O1
G90 G00 G54 X60 Y50
M3 S2400
G43 H1 Z100
Z5
#1=-0.5                      (第一刀切削深度)
#2=-80                       (零件要求的切削深度)
WHILE [#1 GE #2] DO1
  G00 X60 Y50
  Z5
  Z[#1+1]                    (切削前的过渡,避免刀具撞到毛坯)
```

```
        G01 Z#1 F2400
        G41 D1 X40
        Y0
        G02 X10 Y-10 R30
        G01 X-40
        Y30
        X10
        G02 X40 Y0 R30
        G01 Y-50
        G40 X60
        G00 Z[#1+1]
        #1=#1-0.5(每层切削深度)
END1
G00 Z100
M30
```

(4) 程序 O1 分析

当粗加工时，底面需要留加工余量，因此切削深度可能是 Z－79.8。当我们把#2 改成"#2=-79.8"时，在加工中可能出现什么情况？

分析如下：程序在加工过程中，分别在以下位置完成加工：Z－0.5，Z－1，…，Z－79，Z－79.5。程序在加工到 Z－79.5 时，就结束了加工，导致底面的加工余量变成了 0.5 而不是 0.2。

该如何解决这个问题呢？

① 解决方法 1：把#1 改成"#1=-0.3"。

解决问题的思路借鉴前面讲过的案例，通过改变循环的起始条件，确保能精准加工到 Z－79.8，避免底面留下较大余量。

程序在加工过程中，分别在以下位置完成加工：Z－0.3，Z－0.8，…，Z－79.3，Z－79.8。

这种方法，比较简单。但是需要根据当时的实际加工情况，计算循环次数是否为整数。当每层深度为不易整除的小数时，例如刀具每层切削 0.7，"#1=#1-0.7"。

② 解决方法 2：增加清根刀路，当最后一层的切削深度不能整除时，直接完成最终刀路的切削。

程序：

```
O2
G90 G00 G54 X60 Y50
M3 S2400
G43 H1 Z100
Z5
#1=-0.5                (第一刀切削深度)
#2=-79.8               (零件要求的切削深度)
WHILE [#1 GT #2] DO1   (修改循环条件"GE"为"GT")
    G00 X60 Y50
    Z5
```

```
        Z[#1+1]
        G01 Z#1 F2400
        G41 D1 X40
        Y0
        G02 X10 Y-10 R30
        G01 X-40
        Y30
        X10
        G02 X40 Y0 R30
        G01 Y-50
        G40 X60
  G00 Z[#1+1]
        #1=#1-0.7
  END1
        G00 X60 Y50
        Z5
        Z[#2+1]
        G01 Z#2 F2400
        G41 D1 X40
        Y0
        G02 X10 Y-10 R30
        G01 X-40
        Y30
        X10
        G02 X40 Y0 R30
        G01 Y-50
        G40 X60
  G00 Z100
  M30
```

2.3 钻模板（图2-5）

编程分析：圆周分布的孔加工是箱体加工中经常遇到的，几乎所有的编程员迟早都会遇到圆周分布的孔加工零件。

编程条件：编程零点定在工件上表面中心，采用φ9钻头预钻孔，采用φ9.8钻头扩孔，采用φ10铰刀铰孔。

程序清单如下。

```
O4
M06 T01 (φ9钻头)
G90 G00 G54 X0 Y0
M3 S800
G43 H1 Z100
```

```
Z5
G81 G98 Z-20 R5 F80 K0   (K0表示当前程序段钻孔次数是0)
G65 P103 X0 Y0 D82 A45 B22.5 K11
G80 Z100

M06 T02 (φ9.8扩孔钻头)
G90 G00 G54 X0 Y0
M3 S800
G43 H1 Z100
Z5
G81 G98 Z-20 R5 F120 K0   (K0表示当前程序段钻孔次数是0)
G65 P103 X0 Y0 D82 A45 B22.5 K11
G80 Z100

M06 T03 (φ10铰刀)
G90 G00 G54 X0 Y0
M3 S300
G43 H1 Z100
Z5
G81 G98 Z-20 R5 F180 K0   (K0表示当前程序段钻孔次数是0)
G65 P103 X0 Y0 D82 A45 B22.5 K11
G80 Z100
M30

O103   (用户宏程序)
#101=1
   WHILE [#101 LE #6] DO1
      #102=[#7/2]*COS[45+#101*#2-#2]+X#24
      #103=[#7/2]*SIN[45+#101*#2-#2]+Y#25
      X#122 Y#103
      #101=#101+1
   END1
   M99
```

用户宏程序 O103 的调用说明：

```
G65 P103 X_ Y_ D_ A_ B_ K_
```

X：分布孔中心坐标的 X 坐标值	用变量#24 传递
Y：分布孔中心坐标的 Y 坐标值	用变量#25 传递
D：分度圆直径	用变量#7 传递
A：第一个孔的角度	用变量#1 传递
B：孔间夹角	用变量#2 传递
K：分布孔的加工个数	用变量#6 传递

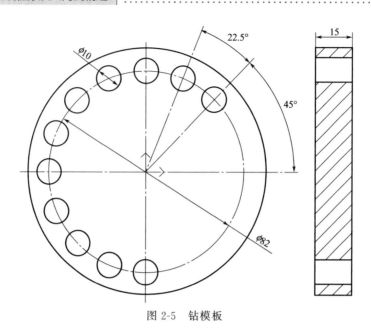

图 2-5 钻模板

2.4 马达垫片(图 2-6)

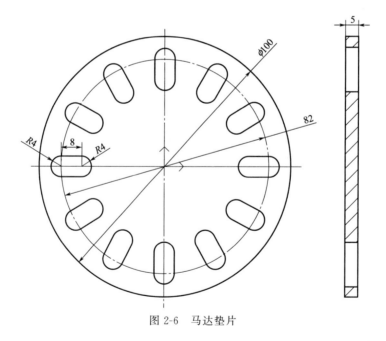

图 2-6 马达垫片

编程分析:圆周分布的槽在垫片、垫圈类加工中经常遇到,合理的程序可以极大地提高铣削效率。

编程条件:编程零点定在工件上表面中心,采用 $\phi 6$ 合金铣刀。

程序清单:

```
O5
G90 G00 G54 X0 Y0
```

```
M3 S3000
G43 H1 Z100
#1=1                    (第1个槽)
#2=12                   (共12个槽)
#3=30                   (槽的夹角)
WHILE [#1 LE #2] DO1
  #4=[#1-1]*#3          (计算当前槽的角度)
  G68 X0 Y0 R#4         (坐标旋转)
  G00 X42 Y0
  Z5
  G01 Z-5 F180
  G41 Y-4
  X50
  G03 Y4 R4
  G01 X42
  G03 Y-4 R4
  G40 G01 Y0
  G00 Z5
  G69
  #1=#1+1
END1
G00 Z100
M30
```

2.5 样板加工（图2-7）

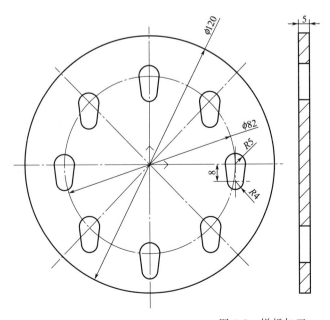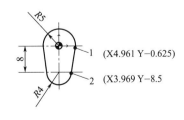

图 2-7 样板加工

编程条件：编程零点定在工件上表面中心，采用 φ6 合金铣刀。

程序清单：

```
O6
G90 G00 G54 X0 Y0
M3 S3000
G43 H1 Z100
#1=1                        (第1个槽)
#2=12                       (共12个槽)
#3=30                       (槽的夹角)
#4=82                       (分度圆直径)
WHILE [#1 LE #2] DO1
  #5=[#1-1]*#3              (计算当前槽的角度)
  #11=[#4/2]*COS[#5]        (计算X坐标)
  #12=[#4/2]*SIN[#5]        (计算Y坐标)
  G52 X#11 Y#12             (坐标平移)
  G00 X0 Y0
  Z5
  G01 Z-5 F180
  G41 X-4.961 Y-0.625
  X-3.969 Y-8.5
  G03 X3.969 R4
  G01 X4.961 Y-0.625
  G03 X-4.961 R-5
  G40 G01 X0 Y0
  G00 Z5
  #1=#1+1
END1
G00 Z100
M30
```

2.6 螺旋铣孔（图 2-8）

扫码看视频：
2.6 节案例

编程分析：在孔系零件的加工中，如果孔的种类繁多，在粗加工中就可能需要相当多的钻头、镗刀，如果用铣孔循环来铣削孔，可以使用较少的刀具、较少的准备时间完成零件的加工。特别是对于新产品的单件试制，降低加工成本。

编程条件：编程零点定在工件上表面中心，采用 φ16 可换刀粒合金铣刀。

程序清单：

```
O7
G90 G00 G54 X0 Y0
M3 S2400
G43 H1 Z100
```

```
Z5
G65 P107 X-30 Y0 Z16 D22 T16 C0.5
G65 P107 X0 Y0 Z12 D26 T16 C0.5
G65 P107 X30 Y0 Z8 D30 T16 C0.5
G00 Z100
M30
```

```
O107                    (螺旋铣孔用户宏程序)
#101=#5003              (记录当前Z坐标)
#102=[#7-#20]/2         (计算铣削半径)
G90 G00 X#24 Y#25
G91 G01 Y-#102
#103=0
WHILE [#103 LT #26] DO1
  G17G90 G03 J#102 Z-#103
  #103=#103+#3
END1
G03 J#102 Z-#26         (保证能铣削到要求深度,并且不会重复铣削)
G03 J#102               (清根)
G91 G01 Y#102
G90 G00 Z#101           (返回初始Z坐标)
M99
```

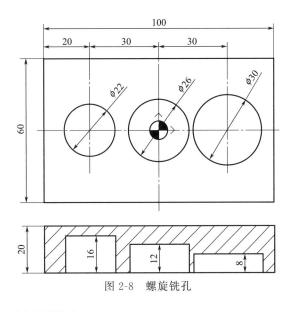

图 2-8 螺旋铣孔

用户宏程序 O107 的调用说明：

```
G65 P107 X-30 Y0 Z16 D22 T16 C0.5
```

X：孔中心 X 坐标值　　　　用变量#24 传递
Y：孔中心 Y 坐标值　　　　用变量#25 传递

Z：孔深　　　　　　　　用变量#26传递
D：孔径　　　　　　　　用变量#7传递
T：铣刀直径　　　　　　用变量#20传递
C：每层切深　　　　　　用变量#3传递

提示：#5003是系统变量，用于记录当前工件坐标系的Z坐标值。

2.7 螺纹的铣削（图2-9）

编程分析：车螺纹是典型的单个螺纹加工手段。当工件在车床上装夹不方便或有其他因素的影响，就要考虑铣削螺纹。螺纹铣削刀具，通常分为单齿铣刀和多齿梳刀。单齿铣刀的制造成本低、使用灵活、不受螺距约束等特点，在单件加工中经常被采用。

编程条件：编程零点定在工件上表面中心，采用φ20单齿螺纹铣刀（图2-10）。

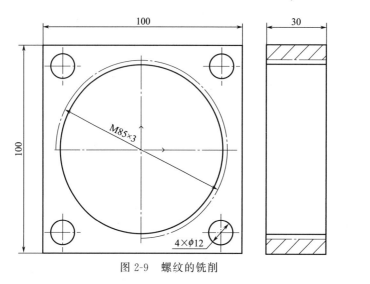

图2-9　螺纹的铣削　　　　　　　　图2-10　单齿螺纹铣刀

程序O8是通过调用用户宏程序编写；程序O9是采用普通程序编写。

程序清单：

```
O8
G90 G00 G54 X0 Y0
M3 S2400
G43 H1 Z100
Z5
G65 P108 X0 Y0 Z33 D85 T20 C3
G00 Z100
M30
```

```
O108(铣螺纹用户宏程序)
#101=#1000　（记录当前Z坐标）
#102=[#7-#20]/2
G90 G00 X#24 Y#25
```

```
G91 G01 Y-#102
#103=#101
WHILE [#103 GE -#26] DO1
  G17 G90 G03 J#102 Z#103
  #103=#103-#3
END1
G91 G00 Y#102   (使刀具快速回到孔中心)
G90 G00 Z#101
M99
```

用户宏程序 O108 的调用说明：

```
G65 P108 X0 Y0 Z33 D85 T20 C3
```

X：孔中心 X 坐标值　　　　　用变量 #24 传递
Y：孔中心 Y 坐标值　　　　　用变量 #25 传递
Z：孔深　　　　　　　　　　用变量 #26 传递
D：孔径　　　　　　　　　　用变量 #7 传递
T：铣刀直径　　　　　　　　用变量 #20 传递
C：导程　　　　　　　　　　用变量 #3 传递

提示：对于单头螺纹，导程等于螺距。

```
O9
G90 G00 G54 X0 Y0
M3 S2400
G43 H1 Z100
Z5
#1=0
G01 Y-32.5 F300
WHILE [#1 GE-35] DO1
G17 G03 J32.5 Z#1
#1=#1-3
END1
G01 Y0
G00 Z100
M30
```

提示：对比 O8、O9 两个程序，在批量加工时调用用户宏程序可以极大地简化编程工作量，使程序更加安全可靠。但是用户宏程序的编写要考虑得全面一些，需要进行多次调试，尽可能地适应所有可能出现的情况。

第 3 章 曲线曲面插补的加工案例

3.1 椭圆插补（图 3-1）

(1) 工艺条件

工件零点在工件上表面中心点。刀具：$\phi16$ HSS。

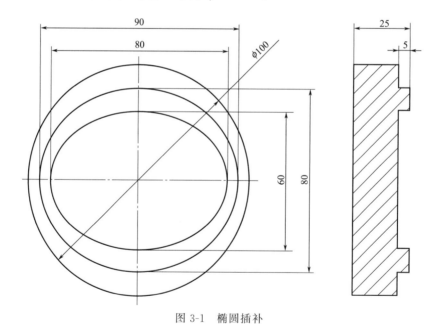

图 3-1 椭圆插补

(2) 编程分析

根据椭圆任意点 A 的参数方程（图 3-2）有

$$X = a\cos\gamma$$
$$Y = b\sin\gamma$$

γ 取值范围：1°～360°。

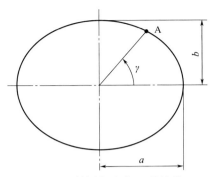

图 3-2　椭圆任意点 A 的计算

确定内椭圆的参数线方程：
$$X=40\cos\gamma$$
$$Y=30\sin\gamma$$

确定外椭圆的参数线方程：
$$X=45\cos\gamma$$
$$Y=40\sin\gamma$$

（3）程序

```
O1　（精铣程序）
M6 T1
G90 G00 G54 X0 Y0
M3 S500
G43 H1 Z100
Z5
G01 Z-5 F80
G41 D1 X40
#1＝5　　（提示：如果#1＝0有可能出现什么情况呢？）
#2＝360
WHILE [#1 LE #2] DO1
　#11＝40＊COS[#1]
　#12＝30＊SIN[#1]
　X#11 Y#12
　#1＝#1＋5
END1
G40 X0
G00 Z5

G00 X60 Y0
Z5
G01 Z-5 F80
N10 G42 X45
N20 #1＝5
N30 #2＝360
```

```
WHILE [#1 LE #2] DO1
  #11=45*COS[#1]
  #12=40*SIN[#1]
  X#11 Y#12
  N40 #1=#1+5
END1
G40 X60
G00 Z5
M30
```

提示：在铣削 90×80 椭圆时，采用了逆铣方式。

如果要采用顺铣的方式，只需要修改：

```
N10 G41 X45
N20 #1=355
N30 #2=0
N40 #1=#1-5
```

3.2 抛物线插补（图3-3）

抛物线 1 方程：$X^2=12.5Y$。

抛物线 2 方程：$X^2=20(Y+40)$。

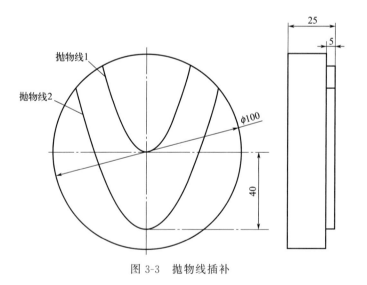

图 3-3　抛物线插补

(1) 工艺条件

工件零点在工件上表面中心点。刀具：ϕ10 HSS。

(2) 编程准备

计算抛物线的编程起始点（图 3-4）。

当 $Y=50$ 时，由 $X^2=12.5\times 50$，得 $X=\pm 25$；当 $Y=50$ 时，由 $X^2=20\times(50+40)$ 得：$X=\pm 42.426$。

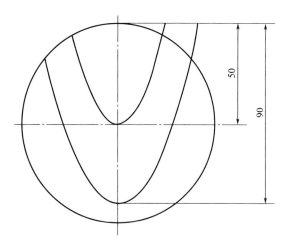

图 3-4 计算抛物线的编程起始点

(3) 程序

```
O2 （精铣程序）
M6 T2
G90 G00 G54 X0 Y60
M3 S500
G43 H2 Z100
Z5
G01 Z-5 F80
G41 D2 X-25 Y50
#1=-24 （提示:如果#1=-25有可能出现什么情况?）
#2=25
WHILE [#1 LE #2] DO1
  #11=#1*#1/12.5
   X#1   Y#11
   #1=#1+1
END1
G40 X0 Y60
G00 Z5

G00 X60 Y50
Z5
G01 Z-5 F80
G41 X42.426 Y50
#1=40
#2=-42 （提示:为了便于计算要取整哦）
WHILE [#1 GE #2] DO1
  #11=#1*#1/20-40
   X#1   Y#11
```

```
    #1=#1-1
  END1
  G40 X-60 Y50
  G00 Z100
  M30
```

3.3 正弦曲线插补（图3-5）

正弦曲线公式：$Y = A\sin\alpha$。

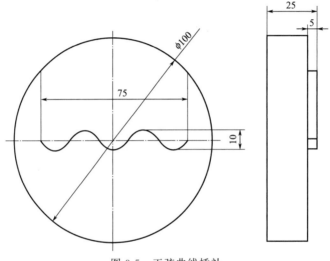

图 3-5　正弦曲线插补

(1) 工艺条件

工件零点在工件上表面中心点。刀具：$\phi 6$ HSS。

(2) 编程准备

假设图中 A 点为正弦曲线的零点，根据图纸尺寸，确定正弦曲线的参数方程（图 3-6）。

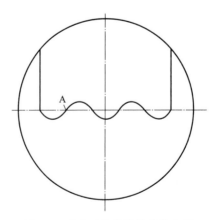

图 3-6　确定正弦曲线的参数方程

$$Y = 5\sin\alpha$$
$$X = 30\alpha/360 - 22.5$$

α 的取值范围为 $-180° \sim 720°$。

(3) 程序

```
O3 （精铣程序）
M6 T3
G90 G00 G54 X60 Y50
M3 S500
G43 H3 Z100
Z5
G01 Z-5 F80
G41 D3 X37.5 Y50
Y0
#1=720
#2=-180
WHILE [#1 GE #2] DO1
  #11=30*#1/360-22.5
  #12=5*sin[#1]
   X#11  Y#12
  #1=#1-10
END1
Y50
G40 X-60
G00 Z100
M30
```

3.4 混合曲线插补（图3-7）

(1) 工艺条件

工件零点在工件上表面椭圆中心点。刀具：$\phi 16$ HSS。

(2) 编程准备

计算节点坐标：

1点，X-18.741、Y9.275。

2点，X-29.228、Y5。

根据参数方程 $X=23\cos\gamma$ 或者 $Y=16\sin\gamma$，计算 γ 取值范围为 $-144.57° \sim 144.57°$。

(3) 程序

```
O4 （精铣程序）
M6 T1
G90 G00 G54 X-65 Y15
M3 S500
```

```
G43 H1 Z100
Z5
G01 Z-5 F80
G41 D1 Y5
X-29.228
G03 X-18.741 Y9.275 R15
#1=140  （提示:如果#1=0有可能出现什么情况?）
#2=-140
WHILE [#1 GE #2] DO1
  #11=40*COS[#1]
  #12=30*SIN[#1]
  G01 X#11 Y#12
  #1=#1-5
END1
X-18.741 Y-9.275
G03 X-29.228 Y5
G01 X-45
Y15
G40 X-65
G00 Z100
M30
```

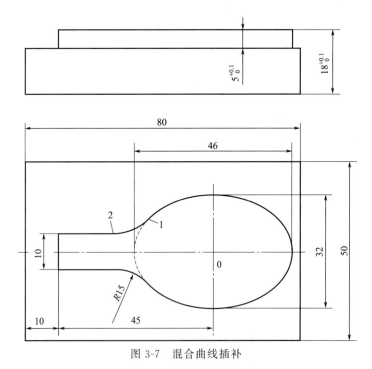

图 3-7　混合曲线插补

提示：对于混合曲线的插补，由于计算复杂，所以应尽可能采用 CAM 软件来完成零件的编程。

3.5 铣削给定公式曲线（图3-8）

曲线方程：
$$X = 20\cos t + t\sin t - 20$$
$$Y = 20\sin t - t\cos t$$

t 的取值范围为 $0 \sim 2.5$（弧度）。
曲线1是曲线在XY平面的投影。

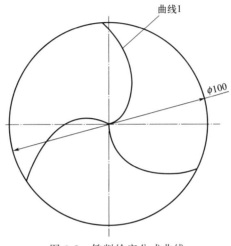

图3-8 铣削给定公式曲线

(1) 工艺条件

工件零点在工件上表面中心点。刀具：$\phi 2$ HSS球刀（刻线深度要求0.07mm）。

(2) 程序

```
O4 （精铣程序）
M6 T13
G90 G00 G54
#5=0
#6=240
WHILE [#5 LE #6] DO2
G68 X0 Y0 R#5
G00 X0 Y0
M3 S3000
G43 H13 Z100
Z5
G01 Z-0.07 F120
#1=0
#2=2.5
WHILE [#1 LE #2] DO1
    #10=180*t/3.14159    （弧度转角度）
    #11=20*COS(#10)+t*SIN(#10)-20
```

```
        #12=20*SIN(#10)-t*COS(#10)
        X#11 Y#12
        #1=#1+0.1
    END1
    G00 Z100
    #5=#5+120
    END2
    M30
```

3.6 端面螺纹的铣孔（图 3-9）

(1) 确定公式

$$X = 6(\cos t + t \sin t)$$
$$Y = 6(\sin t - t \cos t)$$

变量 t (rad)

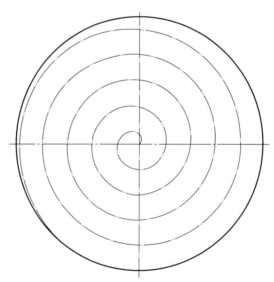

图 3-9 端面螺纹的铣孔（螺距 18，圈数 5）

(2) 主程序

```
O1
G90 G54 G00 X0 Y0
M3 S600
Z100
Z5
G01 Z-5 F80
G65 P8008 X0 Y0 R18 K5
G00 Z100
M30
```

(3) 子程序

```
O8008
#1=#18/[2*3.14159]
#2=2*3.14159*#6
#3=0
WHILE [#3 LE #2]
#11=#1*COS(#2)+#2*SIN(#2)-#1+#24
#12=#1*SIN(#2)-#2*COS(#2)+#25
G01 X#11 Y#12
#3=#3+0.1
END1
M99
```

用户宏程序 O8008 的调用说明：

```
G65 P8008 X0 Y0 R18 K5
```

X：螺旋中心 X 坐标值。
Y：螺旋中心 Y 坐标值。
R：螺距。
K：螺纹圈数。

提示：用户宏程序 O8008，不但可以实现端面螺纹的铣削，且当螺距小于刀具直径时，还能实现圆形或类似圆形的平面铣削。

3.7 球面插补

(1) 图纸分析及工艺条件

零件见图 3-10。

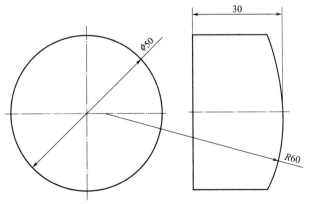

图 3-10 球面插补

工艺条件：工件零点在工件上表面中心点。
刀具：φ10 HSS 立铣刀粗铣、φ10 HSS 球刀精铣。

(2) 编程准备

① 使用 φ10 立铣刀编程的数学结构图（图 3-11）。

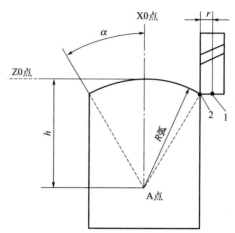

图 3-11　使用 φ10 立铣刀编程的数学结构图

相关知识约定：

立铣刀的对刀点（1 点）是刀具轴线与端面交点；

立铣刀的编程控制点（2 点）是侧刃与端面交点；

编程控制点是能反映出切削点变化规律的点。

编程要点：使编程点与对刀点重合！

由 $\sin\alpha = 25/60$，得 $\alpha = 24.624°$，$h = 60$（球面半径）。

对于任意角度 α，立铣刀控制点（2 点）坐标：

$$Z_1 = -h + R\cos\alpha$$
$$X_1 = R\sin\alpha$$

对于任意角度 α，立铣刀对刀点（1 点）坐标：

$$Z_1 = -h + R\cos\alpha$$
$$X_2 = R\sin\alpha + r$$

提示：球体的任一截面都是圆，通过计算每一个截面圆的象限点坐标和半径，完成截面圆的插补。再利用多个截面圆完成球面的插补（图 3-12）。

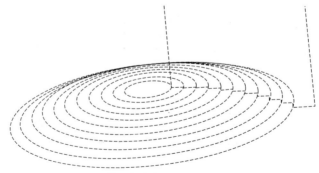

图 3-12　利用多个截面圆完成球面的插补

② 使用 φ10 球刀编程的数学结构图（图 3-13）。

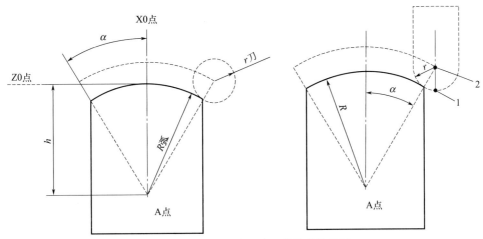

图 3-13 使用 φ10 球刀编程的数学结构图

相关知识约定：

球铣刀的对刀点（1点）是刀具轴线与球面交点；

球铣刀的编程控制点（2点）是球心点。

由 $\sin\alpha = 25/60$，得 $\alpha = 24.624°$，$h = 60$（球面半径）。

对于任意角度 α，球刀心（2点）坐标：

$$Z_1 = -h + (R+r)\cos\alpha$$
$$X_1 = (R-r)\sin\alpha$$

对于任意角度 α，球刀对刀点（1点）坐标：

$$Z_2 = -h + (R+r)\cos\alpha - r$$
$$X_1 = (R-r)\sin\alpha$$

(3) 程序

```
O2
M06 T2  （φ10 立铣刀）
G90 G00 G54 X35 Y0
M3 S800
G43 H2 Z100
Z5
#1=25
#2=0
WHILE [#1 GE #2] DO1
  #11=60*SIN[#1]+5
  #12=-60+60*COS[#1]
  G01 Z#12 F80
     X#11
  G02 I-#11
  #1=#1-5
END1
G00 Z100
```

```
M06 T4  (φ10 球铣刀)
G90 G00 G54 X35 Y0
M3 S800
G43 H4 Z100
Z5
#1=0
#2=25
WHILE [#1 LE #2] DO1
  #11=(60+5)*SIN[#1]
  #12=-60+(60+5)*COS[#1]-5
  G01 X#11 F80
      Z#12
  G02 I-#11
  #1=#1-5
END1
G00 Z100
M30
```

3.8 正弦曲面插补（图 3-14）

(1) 工艺条件

工件零点在工件上表面中心点，刀具为 φ6 HSS 球刀。

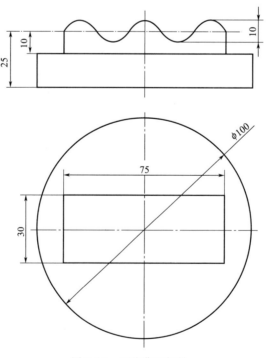

图 3-14　正弦曲面插补

(2) 编程准备

假设图 3-15 中 1 点为正弦曲线的零点，根据图纸尺寸，确定正弦曲线的参数方程（图 3-15）：

$$Z = 5\sin\alpha - 5$$

$$X = \frac{30\alpha}{360} - 37.5$$

式中，α 的取值范围为 $0°\sim 900°$。

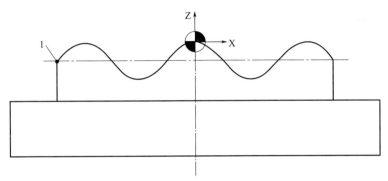

图 3-15 确定正弦曲线的参数方程

(3) 程序

```
O6 （精铣程序）
M6 T5
G40 G17
G90 G00 G54 X60 Y50
M3 S500
G43 H5 Z100
#3=-16
#4=16
WHILE [#3 LE #4] DO2
G00 X-55 Y#1
Z5
G18 G42 G01 D5 Z-10 F80
X-37.5
Z-5
#1=0
#2=900
WHILE [#1 LE #2] DO1
  #11=30*#1/360-37.5
  #12=5*sin[#1]-5
  X#11  Z#12
  #1=#1+10
END1
Z-10
X55
```

```
G40 Z5
#3=#3+1
END2
G00 Z100
M30
```

3.9 直纹面插补（图 3-16）

(1) 工艺条件

工件零点在工件上表面中心点。刀具：φ16 HSS 立铣刀。

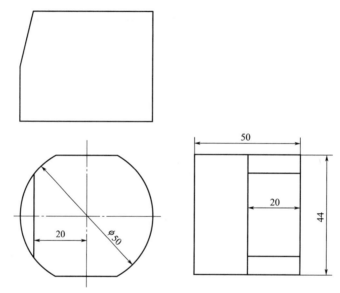

图 3-16 直纹面插补

(2) 编程思路

编程员要先想出自己认为合理的加工轨迹，再编写宏程序去实现自己的编程思路。预想的加工轨迹见图 3-17、图 3-18。

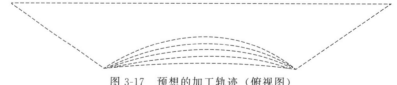

图 3-17 预想的加工轨迹（俯视图）

(3) 编程准备

把直线看作是半径无穷大的圆弧。对直纹面进行 Z 向分层剖切，图 3-19 中虚线部分为剖切后的截面圆（半径 R）。通过勾股定理得到：$R^2=15^2+(R-\#2)^2$，见图 3-20。解方程得：$R=(\#2\times\#2+15\times15)/(2\times\#2)$。

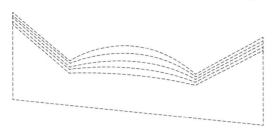

图 3-18 预想的加工轨迹（轴测图）

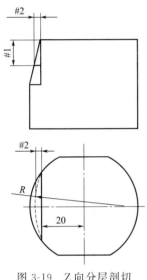

图 3-19 Z 向分层剖切

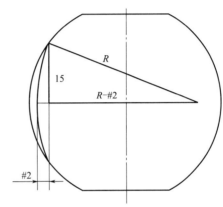

图 3-20 勾股定理求解

(4) 程序

```
O9  （精铣程序）
M6 T1
G40 G17
G90 G00 G54 X-30 Y30
M3 S500
G43 H1 Z100
Z5
#1=0
#11=20
WHILE [#1LE #11] DO1
  #2=#1*5/20
  #12=[#2*#2+15*15]/[2*#2]
  G00 X-30 Y-30
  Z-#1
  G41 D1 X-20 Y-15 F60
  G02 Y15 R#12
  G40 G01 X-30 Y30
```

```
    G00 Z5
    #1=#1+1
   END1
   G00 Z100
   M30
```

提示：此编程思路只适用于端铣刀的加工，不适合球刀加工。如果采用球刀，则截面内球刀和直纹面的相切点是变化的，会导致加工错误。

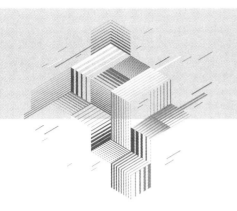

第 4 章

设置机床加工参数

设置机床加工参数在 3 轴数控铣上应用不是很多,但是在多轴点位加工中,却有出色的发挥。可以设置的加工参数包括刀具参数(如刀具半径补偿、刀具长度补偿),以及坐标参数(调整机床旋转后的工件坐标系)。例如 5 轴双旋台机床工作台坐标旋转后的坐标定位,5 轴双摆头机床的摆头旋转后的刀具长度补偿等。

4.1 倒角

(1)工艺条件

工件零点在工件(图 4-1)上表面中心点,刀具为 ϕ10 HSS 立铣刀、ϕ10 HSS 球刀。

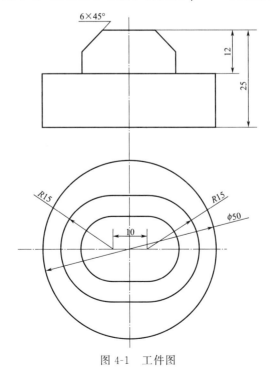

图 4-1 工件图

(2) 编程准备

采用分层加工，计算每层轮廓和零件轮廓的差值（图 4-2）。按照实际轮廓编程，通过改变刀具半径补偿的方式完成零件的加工。

(3) 使用 $\phi10$ 立铣刀（图 4-3）编写粗加工程序

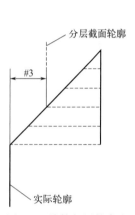

图 4-2　计算每层轮廓和零件轮廓的差值

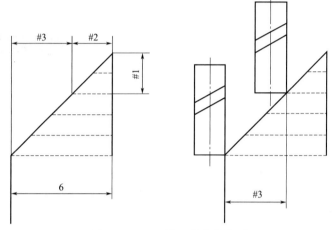

图 4-3　$\phi10$ 立铣刀数学结构图

```
O1
M06 T2
G90 G00 G54 X-30 Y0
M3 S800
G43 H2 Z100
#1=0
#10=6                （倒角宽度）
#5=6*TAN[45]         （倒角深度）
#7=45                （倒角角度）
#6=5                 （刀具半径）
WHILE [#1 LE #5] DO1
#2=#1/TAN[#7]
#3=#10-#2
#11=#6-#3
G10 L12 P2 R#11      （等效 #13002=#11）
G00 X-30 Y0
Z[-#1+2]
G01 Z-#1 F80
G41 D2 X-20 X5
G02 X-5 Y15 R15
G01 X5
G02 Y-15 R15
G01 X-5
G02 X-20 Y0 R15
```

```
G40 G01 X-30
G00 Z5
#1=#1+1
END1
G00 Z100
M30
```

(4) 使用 φ10 球刀（图 4-4）编写精加工程序（方式 1）

1 点是球铣刀的对刀点；
2 点是球铣刀和斜面的切点；
3 点是球铣刀侧刃点。
水平轴补偿（#11）：计算 2 点和 3 点的水平方向差值。
Z 轴补偿（#12）：计算 1 点和 2 点的垂直方向差值。

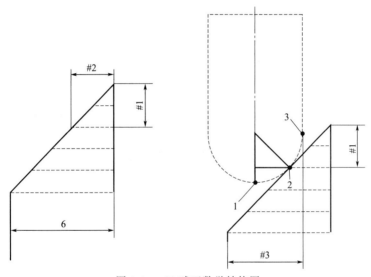

图 4-4 φ10 球刀数学结构图

```
O1
M06 T2
G90 G00 G54 X-30 Y0
M3 S800
G43 H2 Z100
#1=0
#10=6                  (倒角宽度)
#5=6*TAN[45]           (倒角深度)
#7=45                  (倒角角度)
#6=5                   (刀具半径)
WHILE [#1 LE #5] DO1
#2=#1/TAN[#7]
#11=#6-#6*SIN[#7]
```

```
#12=#6-#6*COS[#7]
#3=#10-#2+#11
#13=#6-#3
G10 L12 P2 R#13        (等效#13002=#13)
G00 X-30 Y0
Z[-#1-#12+2]
G01 Z[-#1-#12] F80
G41 D2 X-20X5
G02 X-5 Y15 R15
G01 X5
G02 Y-15 R15
G01 X-5
G02 X-20 Y0 R15
G40 G01 X-30
G00 Z5
#1=#1+1
END1
G00 Z100
M30
```

提示：球刀编程时，#1不再是切削深度。如果为了提高程序的清晰度，继续使用#1作为实际切削深度，则要重画数学结构图（见方式2）。

(5) 使用 φ10 球刀编程（方式2）（图4-5、图4-6）

1点是球铣刀的对刀点；

2点是球铣刀和斜面的切点；

3点是球铣刀侧刃点。

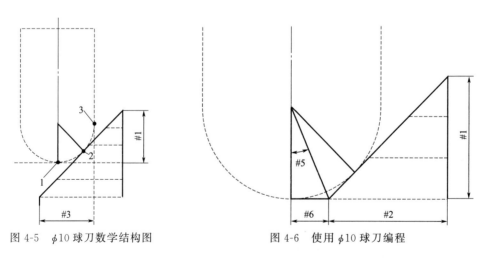

图4-5 φ10球刀数学结构图　　　图4-6 使用φ10球刀编程

```
O1
M06 T2
G90 G00 G54 X-30 Y0
```

```
M3 S800
G43 H2 Z100
#1=0
#10=6                                    (倒角宽度)
#7=45                                    (倒角角度)
#11=5                                    (刀具半径)
#101=FUP[#10*TAN[45]+[#6-#6*COS[45]]] (倒角深度,保证清根)
WHILE [#1 LE #101] DO1
#2=#1/TAN[#7]
#5=#7/2
#6=#11*TAN[#5]
#3=#10-[#2+#6-5]
#13=#11-#3
G10 L12 P2 R#13                          (等效 #13002=#13)
G00 X-30 Y0
Z[-#1+2]                                 (使切削起点尽可能接近工件,但是 2 要大于层高)
G01 Z[-#1] F80
G41 D2 X-20X5
G02 X-5 Y15 R15
G01 X5
G02 Y-15 R15
G01 X-5
G02 X-20 Y0 R15
G40 G01 X-30
G00 Z5
#1=#1+1
END1
G00 Z100
M30
```

提示：数学结构图可以清楚地表达我们的实际意图，并缩短编程时间。尽管没有结构图也可写好宏程序，然而使用数学结构图和流程图可以缩短编程时间，提高编程效率。

4.2 倒圆（图 4-7）

（1）工艺条件

工件零点在工件上表面中心点，刀具为 ϕ10 HSS 立铣刀、ϕ10 HSS 球刀。

（2）编程准备

采用角度均分加工，计算每层轮廓和零件轮廓的差值（图 4-8）。按照实际轮廓编程，通过改变刀具半径补偿的方式完成零件的加工。

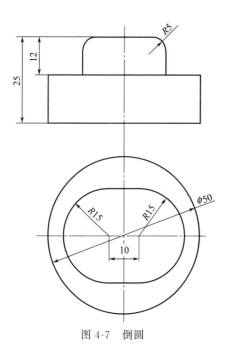

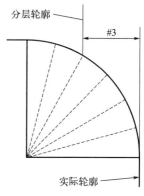

图 4-7 倒圆　　　　　　　　　图 4-8 角度均分加工

(3) 使用 φ10 立铣刀 (图 4-9) 编写粗加工程序

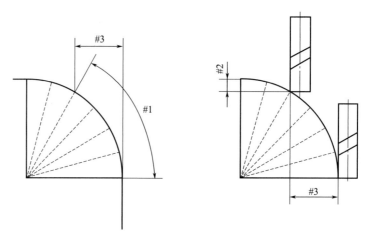

图 4-9　φ10 立铣刀数学结构图

```
O1
M06 T2
G90 G00 G54 X-30 Y0
M3 S800
G43 H2 Z100
#1＝0
#2＝90
#9＝5                    (倒圆半径)
#10＝5                   (刀具半径)
```

```
WHILE [#1 LE #2] DO1
#11=#9*SIN[#1]-#9
#3=#9-#9*COS[#1]
#13=#10-#3
G01 L12 P2 R#13
G00 X-30 Y0
Z5
G01 Z#11 F80          (Z取正值还是负值,取决于自己的习惯)
G41 D2 X-20X5
G02 X-5 Y15 R15
G01 X5
G02 Y-15 R15
G01 X-5
G02 X-20 Y0 R15
G40 G01 X-30
G00 Z5
#1=#1+5
END1
G00 Z100
M30
```

(4) 使用 ϕ10 球刀编写精加工程序 (图 4-10)

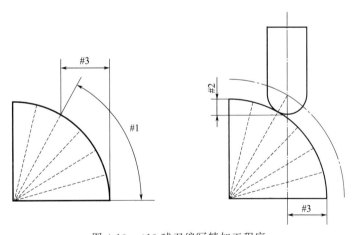

图 4-10 ϕ10 球刀编写精加工程序

```
O5
M06 T1
G90 G00 G54 X-30 Y0
M3 S800
G43 H2 Z100
#1=0
#2=90
```

```
#9=5              (倒圆半径)
#10=5             (刀具半径)
WHILE [#1 LE #2] DO1
#11=[#9+#10]*SIN[#1]
#2=#11-#10-#9
#3=#9-[#9+#10]*COS[#1]
#13=#10-#3
G10 L12 P1 R#13
G00 X-30 Y0
Z5
G01 Z#2 F80
G41 D1 X-20X5
G02 X-5 Y15 R15
G01 X5
G02 Y-15 R15
G01 X-5
G02 X-20 Y0 R15
G40 G01 X-30
G00 Z5
#1=#1+5
END1
G00 Z100
M30
```

提示：粗铣时，如果希望从 Z0 开始向负方向铣削，可以考虑角度从 90°到 0°变化。

4.3 综合练习（图 4-11）

工艺条件：工件零点在工件上表面中心点，刀具为 φ10 HSS 立铣刀、φ10 HSS 球刀。

编程准备：在铣削 SR50 的球面时，可采用 φ6 钻头预钻孔，有利于立铣刀从中间进刀。

4.3.1 使用 φ10 立铣刀粗铣 R8 弧面（图 4-12）

```
O1
M06 T1
G90 G00 G54 X35 Y0
M3 S800
G43 H1 Z100
#1=0
#2=90
#9=5              (刀具半径)
#10=5             (倒圆半径)
WHILE [#1 LE #2] DO1
#12=#10*SIN[#1]
```

```
#11=#9-#10*COS[#1]
G01 L12 P1 R#11
G00 X35 Y0
Z5
G01 Z-#12 F80
G41 D1 X25
G02 J-25
G40 G01 X35
G00 Z5
#1=#1+1
END1
G00 Z100
M30
```

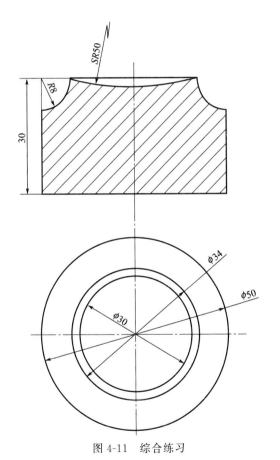

图 4-11 综合练习

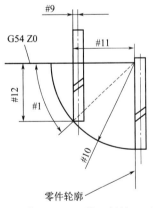

图 4-12 使用 φ10 立铣刀粗铣 R8 弧面

4.3.2 使用 φ10 立铣刀粗铣 SR50 球面（图 4-13）

计算#1 的变化范围：

#1(最大)=arctan(15/50);

#1(最小)=arctan(#9/50)。

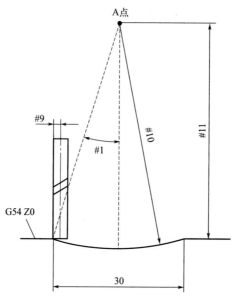

图 4-13 使用 φ10 立铣刀粗铣 SR50 球面

提示：铣刀不能铣削到 0°，否则会过切。

```
O3
M06 T1
G90 G00 G54 X0 Y0
M3 S800
G43 H1 Z100
Z5
#1=FUP[ATAN[#9/50]]       (进位取整,既可以整数循环,还要避免过切)
#2=FUP[ATAN[15/50]]       (进位取整,避免欠切)
#9=5                      (刀具半径)
#10=50                    (倒圆半径)
#11=SQRT[#10*#10-15*15]
WHILE [#1 LE #2] DO1
#12=#10*SIN[#1]-#9        (实际切削半径,目的是省略刀具半径补偿)
#13=#11-#10*COS[#1]
G01 X0 Y0                 (提示:为了实现不抬刀连续加工,改成G01可以提高安全系数)
G01 Z#13 F80
Y-#12
G02 J#12
G01 Y0
#1=#1+1
END1
G00 Z100
M30
```

想一想：如果是粗加工，刀具半径#9 是改大还是改小？

4.3.3 使用 φ10 球刀精铣 R8 弧面（图 4-14）

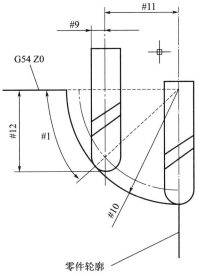

图 4-14 使用 φ10 球刀精铣 R8 弧面

```
O3
M06 T2
G90 G00 G54 X35 Y0
M3 S800
G43 H2 Z100
#1=0
#2=90
#9=5                          (刀具半径)
#10=5                         (倒圆半径)
WHILE [#1 LE #2] DO1
#12=[#10-#9]*SIN[#1]+#9
#11=0-[#10-#9]*COS[#1]        (提示:球刀轴线在零件轮廓上时,刀补为0)
G01 L12 P2 R#11
G00 X35 Y0
Z5
G01 Z-#12 F80
G41 D2 X25
G02 J-25
G40 G01 X35
G00 Z5
#1=#1+1
END1
G00 Z100
M30
```

4.3.4 使用 φ10 球刀粗铣 SR50 球面(图 4-15)

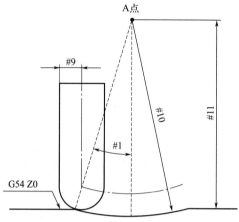

图 4-15 使用 φ10 球刀粗铣 SR50 球面

```
O3
M06 T2
G90 G00 G54 X0 Y0
M3 S800
G43 H2 Z100
Z5
#1=0
#2=FUP[ATAN[15/50]]
#9=5                              (刀具半径)
#10=50                            (倒圆半径)
#11=SQRT[#10*#10-15*15]
WHILE [#1 LE #2] DO1
#12=[#10-#9]*SIN[#1]              (实际切削半径)
#13=#11-[#10-#9]*COS[#1]-#9
G01 X0 Y0
G01 Z#13 F80
Y-#12
G02 J#12
G01 Y0
#1=#1+1
END1
G00 Z100
M30
```

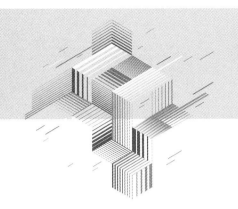

第 5 章

定制固定循环

所有的固定循环程序都是模拟机床孔加工循环的程序,考虑的加工条件并不全面,也并不是所有的循环程序调用都需要那么多的参数。用户需根据各自的实际情况,可以适当地调整、修改程序并调试,使宏程序更简单、更实用。

5.1 钻孔循环(图 5-1)

钻孔循环程序如下:

```
O8081
G00 X#24 Y#25              (A→B)
IF[#18 EQ #0] THEN #18=#23
Z#18                       (B→R)
G01 Z#26 F#9               (R→D)
#11=#23
IF[#8 EQ 99] THEN #11=#18
G00 Z#11                   (D→B 或 R)M99
```

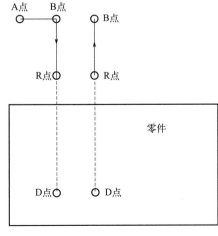

图 5-1 钻孔

调用格式：

```
G65(G66) P8081 E98 X15 Y10 Z-14 R5 W100 F80
```

注释：

E98——返回初始平面（E99 返回 R 点）；

X15——孔心 X 坐标；

Y10——孔心 Y 坐标；

Z-14——钻孔深度；

R5——钻孔起始点；

W100——初始平面；

F80——切削速度。

提示：程序 O8081 只适用于 G90 编程模式，并且在调用时参数 W 不能省略，即安全平面必须指定。如果需要使用 G91 编程或有其他需要，则要根据自己的实际情况，对程序进行重新调整调试。

5.1.1 钻孔循环案例一（图 5-2）

(1) 工艺条件

工件零点在工件上表面中心点，刀具为 φ6mm 钻头。

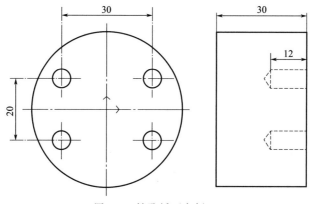

图 5-2　钻孔循环案例一

(2) 参考程序

```
O1 M06 T1
G90 G54 G00 X0 Y0
M3 S1000
G43 H1 Z100
N10 G66 P8081 E98 Z-14 R5 W100 F80
X15 Y10
Y-10
X-15
Y10
```

```
G67
G00 Z100
M30
```

提示：程序段 N10 仅向程序 O8081 传递参数，并不调用 O8081。因此 N10 程序段机床没有任何动作。钻尖高度假设大约为 2mm，如图 5-3 所示。在实际加工中，要根据自己钻头的刃磨情况适当调整。

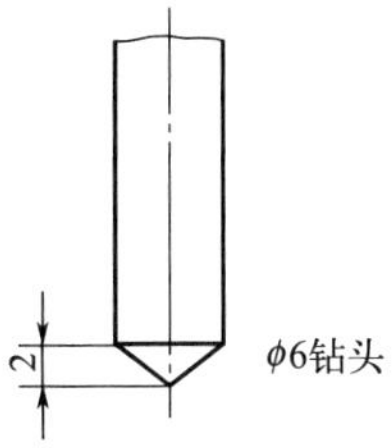

图 5-3 钻尖高度

5.1.2 钻孔循环案例二（图 5-4）

(1) 工艺条件

工件零点在工件上表面中心点，刀具为 φ6mm 钻头。

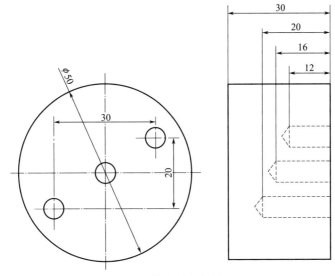

图 5-4 钻孔循环案例二

(2) 参考程序

```
O2
M06 T1
G90 G54 G00 X15 Y10 M3 S1000
G43 H1 Z100
G65 P8081 E99 X15 Y10 Z-14 R5 W100 F80
G65 P8081 E99 X0 Y0 Z-18 R5 W100 F80
G65 P8081 E99 X-15 Y-10 Z-22 R5 W100 F80
G00 Z100
M30
```

提示：因为每个孔的深度都不一样，所以使用 G65 调用。

5.2 深孔排屑循环

```
O8083
G00 X#24 Y#25                       (孔口 XY 定位)
Z#18                                (孔口 R 点定位)
#1=#18-#17                          (第一次钻孔 Z 值)
IF[#18 EQ #0] THEN #18=#23          (如果省略 R,则 R=W)
#28=#23                             (如果指定 E98 或省略 E,则回退初始平面)
IF[#8 EQ 99] THEN #28=#18           (如果指定 E99,则回退 R 点)
IF[#18 EQ #0] THEN #1=#23-#17       (如果没有指定 R 点,则从初始平面计算)
WHILE [#1 GT #26] DO1
  G00 Z#18
  Z[#1+#17+1]
  G01 Z#1 F#9
  G00 #28
  #1=#1-#17
END1
Z[#1+#17+1]
G01 Z#26
G00 Z#28
M99
```

调用格式:

```
G65(G66) P8083 E98 X15 Y10 Z-14 R5 Q2 W100 F80
```

注释:

E98——返回初始平面(E99 返回 R 点);

X15——孔心 X 坐标;

Y10——孔心 Y 坐标;

Z-14——钻孔深度;

R5——钻孔起始点;

Q2——每次钻孔深度;

W100——初始平面;

F80——切削速度。

提示: 程序 O8083 只适用于 G90 编程模式,并且在调用时 W 参数不能省略,即安全平面必须指定。

5.3 深孔断屑循环

```
O8073
G00 X#24 Y#25                       (孔口 XY 定位)
```

```
Z#18                              (孔口 R 点定位)
#1=#18-#17                        (第一次钻孔 Z 值)
IF[#18 EQ #0] THEN #18=#23        (如果省略 R,则 R=W)
#28=#23                           (如果指定 E98 或省略 E,则回退初始平面)
IF[#8 EQ 99] THEN #28=#18         (如果指定 E99,则回退 R 点)
IF[#18 EQ #0] THEN [#1=#23-#17]   (如果没有指定 R 点,则从初始平面计算)
WHILE [#1 GT #26] DO1
G01 Z#1 F#9
Z[#1+0.2]                         (回退 0.2mm 进行断屑)
#1=#1-#17
END1
G01 Z#26
G00 Z#28
M99
```

调用格式:

```
G65(G66) P8073 E98 X15 Y10 Z-14 R5 Q2 W100 F80
```

注释:

E98——返回初始平面 (E99 返回 R 点);

X15——孔心 X 坐标;

Y10——孔心 Y 坐标;

Z-14——钻孔深度;

R5——钻孔起始点;

Q2——每次钻孔深度

W100——初始平面;

F80——切削速度。

提示:程序 O8073 只适用于 G90 编程模式,并且在调用时 W 参数不能省略,即安全平面必须指定。

5.3.1 深孔断屑循环案例一(图 5-5)

(1) 断屑钻孔工艺条件

工件零点在工件上表面中心点,刀具为 φ6mm 钻头。

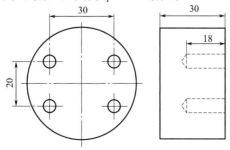

图 5-5 深孔断屑循环案例一

(2) 参考程序

```
O3 M06 T1
G90 G54 G00 X0 Y0 M3 S1000
G43 H1 Z100
G66 P8073 E98 Z-2014 R5 Q2.5 W100 F80
X15 Y10
Y-10
X-15
Y10
G67
G00 Z100
M30
```

5.3.2 深孔断屑循环案例二（图5-6）

(1) 排屑钻孔工艺条件

工件零点在工件上表面中心点，刀具为 ϕ6mm 钻头。

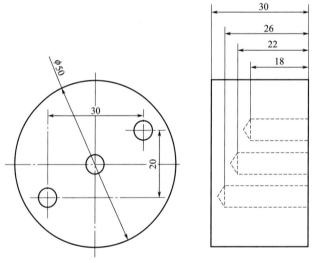

图 5-6 深孔断屑循环案例二

(2) 参考程序

```
O4 M06 T1
G90 G54 G00 X15 Y10 M3 S1000
G43 H1 Z100
G65 P8083 E99 X15 Y10 Z-20 R5 Q3 W100 F80
G65 P8083 E99 X0 Y0 Z-24 R5 Q3 W100 F80
G65 P8083 E99 X-15 Y-10 Z-28 R5 Q3 W100 F80
G00 Z100
M30
```

5.4 精镗孔循环

```
O8086
#1=#4313    (M03 模态记忆变量)
G00 X#24 Y#25
IF[#18 EQ #0] THEN #18=#23
Z#18
G01 Z#26 F#9
M19
G01 X[#24+#4] Y[#25+#5]
#11=#23
IF[#8 EQ 99] THEN #11=#18
G00 Z#11
M#1
M99
```

调用格式：

```
G65(G66) P8086 E98 X_ Y_ Z_ I_ J_ R_ W_ F_
```

注释：

E98——返回初始平面（E99 返回 R 点）；
X_——孔心 X 坐标；
Y_——孔心 Y 坐标；
Z_——钻孔深度；
I_——X 轴偏移（增量值）；
J_——Y 轴偏移（增量值）；
R_——钻孔起始点；
W_——初始平面；
F_——切削速度。

提示：程序 O8086 只适用于 G90 编程模式，并且在调用时参数 W 不能省略，即安全平面必须指定。

此程序只适合单刃镗刀。

5.5 反镗孔循环及案例

反镗孔循环程序如下：

```
O8087
G00 X#24 Y#25
#1=#4313         (M03 模态记忆变量)
M19
```

```
G00 X[#24+#4] Y[#25+#5]
G00 Z#18
G00 X#24 Y#25
M#1
G01 Z#26 F#9
G00 Z#18
M19
G00 X[#24+#4] Y[#25+#5]
G00 Z#23
M#1M99
```

调用格式：

```
G65 (G66) P8087 X_ Y_ Z_ I_ J_ R_ W_ F_
```

注释：

X_——孔心 X 坐标；

Y_——孔心 Y 坐标；

Z_——钻孔深度；

I_——X 轴偏移；

J_——Y 轴偏移；

R_——镗孔起始点；

W_——初始平面；

F_——切削速度。

提示：程序 O8087 只适用于 G90 编程模式，并且在调用时参数 R、W 不能省略，即安全平面必须指定。

此程序只适合单刃反镗刀。

反镗孔循环案例如下，零件见图 5-7。

(1) 工艺条件

毛坯为铸造毛坯，且已经半精加工；工件零点在工件上表面中心点；刀具有 $\phi36$mm 精镗刀（T1）、$\phi50$mm 精镗刀（T2）、$\phi50$mm 反镗刀（T3）。

(2) 参考程序

```
O5
M06 T1
G90 G54 G00 X15 Y10
M3 S1000
G43 H1 Z100
G65 P8086 E99 X-60 Y0 Z-22 I0.2 J0.2 R5 W100 F80
G65 P8086 E99 X60 Y0 Z-42 I0.2 J0.2 R-18 W100 F80
G00 Z100
;
M06 T2
G90 G54 G00 X15 Y10
```

```
M3 S1000
G43 H2 Z100
G65 P8086 E99 X60 Y0 Z-20 I0.2 J0.2 R5 W100 F80
G00 Z100
;
M06 T3
G90 G54 G00 X15 Y10
M3 S1000
G43 H3 Z100
G65 P8086 X-60 Y0 Z-20 I0.2 J0.2 R-45 W100 F80
G00 Z100
M30
```

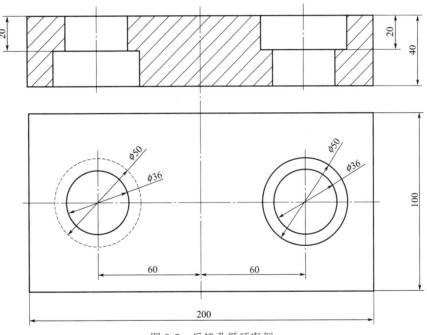

图 5-7 反镗孔循环案例

5.6 铣孔循环

铣孔循环程序如下：

```
O8091
G00 X#24 Y#25
IF[#18 EQ #0] THEN #18=#23
Z#18
#2=[#7-#20]/2
#1=#18-#17
```

```
WHILE [#1 GT #26] DO1
G01 Z#1 F#9
G91 Y-#2
G90 G03 J#2
G91 G01 Y#2
G90
#1=#1-#17
END1
G01 Z#26 F#9
G91 Y-#2
G90 G03 J#2
G91 G01 Y#2
G90
#11=#23
IF[#8 EQ 99] THEN #11=#18
G00 Z#11
M99
```

调用格式：

```
G65 (G66) P8091 E98 X_ Y_ Z_ R_ Q_ T_ D_ W_ F_
```

注释：

E98——返回初始平面（E99 返回 R 点）；

X_——孔心 X 坐标；

Y_——孔心 Y 坐标；

Z_——钻孔深度；

R_——铣孔起始点；

Q_——每层铣削深度；

T_——刀具直径；

D_——铣孔直径；

W_——初始平面；

F_——切削速度。

提示：程序 O8091 只适用于 G90 编程模式，并且在调用时参数 W 不能省略，即安全平面必须指定。

反镗孔循环案例如下，零件见图 5-8。

（1）工艺条件

毛坯为锻造，已经用 φ16mm 钻头预钻孔，工件零点在工件上表面中心点，刀具为 φ16mm 铣刀（刀刃长度 30mm）。

（2）参考程序

```
O6
M06 T1      (半精加工)
G90 G54 G00 X15 Y10
```

```
M3 S400
G43 H1 Z100
G65 P8091 X-60 Y0 Z-20 Q3 T16.1 D36 W5 F100
G65 P8091 X-60 Y0 Z-42 R-15 T16.2 D36 W5 F100
G65 P8091 X60 Y0 Z-20 R5 T16.1 D32 W5 F100          (φ50mm 孔预铣到 φ32mm)
G65 P8091 X60 Y0 Z-20 R5 D50 W5 F100
G65 P8091 X60 Y0 Z-42 R-15 T16.1 D36 W5 F100
G00 Z100
M30
```

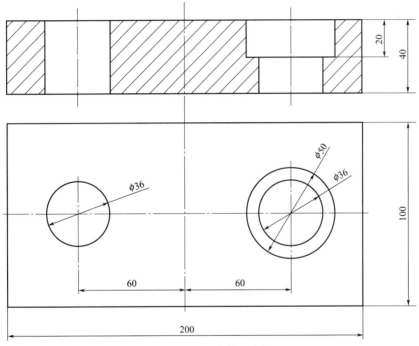

图 5-8　反镗孔循环案例

5.7　螺旋铣孔用户宏程序

螺旋铣孔用户宏程序如下：

```
O8092
G00 X#24 Y#25
IF[#18 EQ #0] THEN #18=#23          (忽略 R=W)
Z#18
#2=[#7-#20]/2
#1=#18-#17
G91 G01 Y-#2 F#9
WHILE [#1 GT #26] DO1
```

```
G90 G03 J#2 Z#1
#1=#1-#17
END1
G90 G03 J#2 Z#26
G03 J#2(清根)
G91 G01 Y#2
#11=#23
IF[#8 EQ 99] THEN #11=#18
G90 G00 Z#11
M99
```

调用格式:

```
G66(G66) P8092 E98 X_ Y_ Z_ R_ Q_ T_ D_ W_ F_
```

注释:

E98——返回初始平面(E99返回R点);

X_——孔心X坐标;

Y_——孔心Y坐标;

Z_——钻孔深度;

R_——铣孔起始点;

Q_——每层铣削深度;

T_——刀具直径;

D_——铣孔直径;

W_——初始平面;

F_——切削速度。

提示:程序O8092只适用于G90编程模式,并且在调用时参数W不能省略,即安全平面必须指定。

5.7.1 螺旋铣孔用户宏程序案例一(图5-9)

(1) 工艺条件

毛坯为锻造,没有预钻孔,工件零点在工件上表面左边中点,刀具为φ16mm可换合金刀粒机夹铣刀(刀刃长度10mm)。

(2) 参考程序

```
O6
M06 T1
G90 G54 G00 X29 Y0
M3 S400
G43 H1 Z100
G66 P8092 Z-20 Q0.5 T16 D30 W5 F2000
X29 Y0        (预铣φ45mm孔) X75(铣φ30mm孔)
X115          (预铣φ40mm孔)
```

```
X167.5
G65 P8092 X29 Y0 Z-20 Q0.5 T16 D45 W5 F2000      (预铣φ50mm孔) G67
G65 P8092 X115 Y0 Z-20 Q0.5 T16 D40 W5 F2000     (铣φ45mm孔)
G65 P8092 X167.5 Y0 Z-20 Q0.5 T16 D50 W5 F2000   (铣φ40mm孔)
G00 Z100 M30                                      (铣φ50mm孔)
```

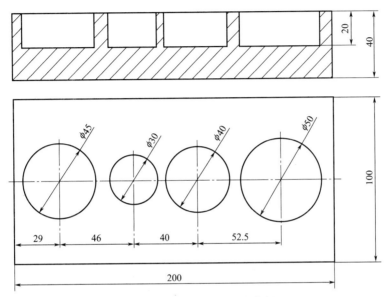

图 5-9 螺旋铣孔用户宏程序案例一

5.7.2 螺旋铣孔用户宏程序案例二（图 5-10）

(1) 工艺条件

毛坯为锻造，已经车削至 φ200mm×40mm，工件零点在工件上表面中心点，刀具为 φ16mm 可换合金刀粒机夹铣刀（刀刃长度 10mm）。

(2) 参考程序

```
O8 M06 T1
G90 G54 G00 X29 Y0
M3 S400
G43 H1 Z100
Z5
#1=1
WHILE [#1 LE 5] DO1
#2=[#1-1]*72
#24=70*COS[#2]
#25=70*SIN[#2]
G66 P8092 X#24 Y#25 Z-20 Q0.5 T16 D30 W5 F2000   (预铣φ50mm孔)
D50                                               (铣φ50mm孔)
G67
```

```
G00 Z5
#1=#1+1
END1
G00 Z100
M30
```

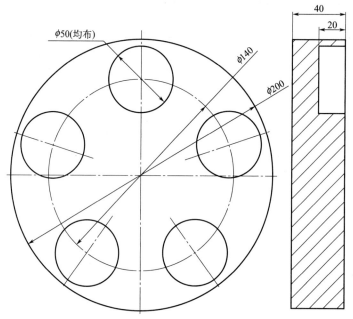

图 5-10　螺旋铣孔用户宏程序案例二

5.8　铣槽循环用户宏程序

铣槽循环用户宏程序如下：

```
O8095
#23=#5003         (记录 Z 值)
#3=1
WHILE [#3 LE #6] DO1 G90
G68 X0 Y0 R[[#1-1]*#2+#1]
G00 X#18 Y0 #21=-#17
WHILE [#21 GT #26] DO2
G01 Z#21 F#9
#30=[#5-#20]/2
IF [#30LT0] THEN #3000=200
G01 Y-#30
X[#18+#4/2]
G03 Y#30 R#30
G01 X[#18-#4/2]
```

```
G03 Y-#30 R#30
G01 X#18
G01 Y0
#21=#21-#17
END2
G01 Z#26 F#9
G01 Y-#30 X[#18+#4/2]
G03 Y#30 R#30
G01 X[#18-#4/2]
G03 Y-#30 R#30
G01 X#18
G01 Y0
G00 Z#23
#3=#3+1
END1
M99
```

调用格式：

```
G65 P8095 T_ I_ J_ Z_ Q_ R_ A_ B_ K_ F_
```

注释：

T_——刀具直径；

I_——槽长；

J_——槽宽；

Z_——槽深；

Q_——每层切削深度；

R_——分布圆半径；

A_——初始角；

B_——夹角；

K_——铣槽个数；

F_——切削速度。

提示：程序O8095只适合圆心在工件零点的零件。

5.8.1 铣槽循环用户宏程序案例一（图5-11）

(1) 工艺条件

毛坯为锻造，已经车削至ϕ100mm×27mm，工件零点在工件上表面中心点，刀具为ϕ8mm合金铣刀。

(2) 参考程序（数学结构见图5-12）

```
O9 M06 T1
G90 G54 G00 X0 Y0 M3 S800
G43 H1 Z100
```

```
Z5
G65 P8095 T8 I20 J10 Z-7 Q2 R26 A0 B60 K6 F50 G00 Z100
M30
```

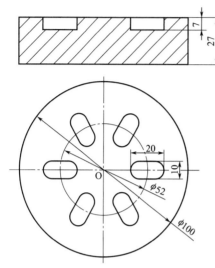

图 5-11 铣槽循环用户宏程序案例一

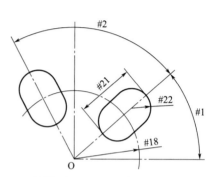

图 5-12 铣槽循环用户宏程序案例一的数学结构

5.8.2 铣槽循环用户宏程序案例二（图 5-13）

(1) 工艺条件

毛坯为锻造，已经车削至 φ100mm×27mm，工件零点在工件上表面中心点，刀具为 φ8mm 合金铣刀。

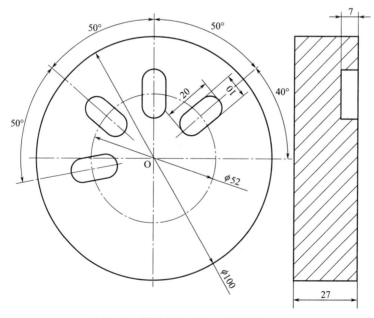

图 5-13 铣槽循环用户宏程序案例二

(2) 参考程序

```
O10 M06 T1
G90 G54 G00 X0 Y0 M3 S800
G43 H1 Z100 Z5
G65 P8095 T8 I20 J10 Z-7 Q2 R26 A40 B60 K4 F50 G00 Z100
M30
```

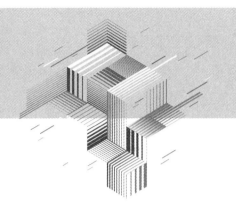

第 6 章

定制G代码

FANUC 0i 系统允许在参数中设置调用宏程序的 G 代码和 M 代码,并且按照非模态调用(G65)的方法调用用户宏程序。可自定义的 G 代码或 M 代码范围是 1～9999,例如 G235、G1234、M190 等。

用户可以把自己的加工经验或经常使用的用户宏程序定义为特定代码,可以极大地提高编程效率。使用 G 代码调用的宏程序号和参数号之间对应的关系见表 6-1。使用 M 代码调用的宏程序号和参数号之间对应的关系见表 6-2。

表 6-1 使用 G 代码调用的宏程序号和参数号之间对应的关系

宏程序号	参数号
O9010	6050
O9011	6051
O9012	6052
O9013	6053
O9014	6054
O9015	6055
O9016	6056
O9017	6057
O9018	6058
O9019	6059

表 6-2 使用 M 代码调用的宏程序和参数号之间对应的关系

宏程序号	参数号
O9020	6080
O9021	6081
O9022	6082
O9023	6083
O9024	6084
O9025	6085

续表

宏程序号	参数号
O9026	6086
O9027	6087
O9028	6088
O9029	6089

6.1 定制圆周均布加工代码 G11（图 6-1）

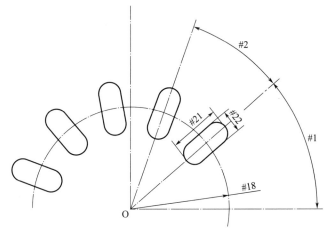

图 6-1 定制圆周均布加工

① 编写程序 O9012 并调试合格，记录调用参数备用。

```
O9012
#101=1
WHILE [#3 LE #6] DO1
#102=[#7/2]*COS[45+#101*#2-#2]+#24
#103=[#7/2]*SIN[45+#101*#2-#2]+#25
X#102 Y#103
#101=#101+1
END1
M99
```

用户宏程序 O9012 的调用说明：

G11 X_ Y_ D_ A_ B_ K_

注释：

X——分布孔中心坐标的 X 坐标值（用变量#24 传递）；
Y——分布孔中心坐标的 Y 坐标值（用变量#25 传递）；
D——分度圆直径（用变量#7 传递）；

A——初始角（用变量#1传递）；

B——夹角（用变量#2传递）；

K——分布孔的加工个数（用变量#6传递）。

② 编辑保护或隐藏程序 O9012。设置参数 No.3202 #4（NE9＝1）。

③ 设置参数 6052 为 11，如图 6-2 所示。

提示：只有拥有参数修改权限才能修改，否则请和系统管理员联系。

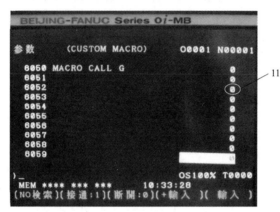

图 6-2　设置参数 6052 为 11

6.1.1　定制圆周均布加工案例一（图 6-3）

(1) 工艺条件

毛坯为锻造，已经车削至 φ100mm×30mm，工件零点在工件上表面中心点，刀具为 φ8mm 钻头。

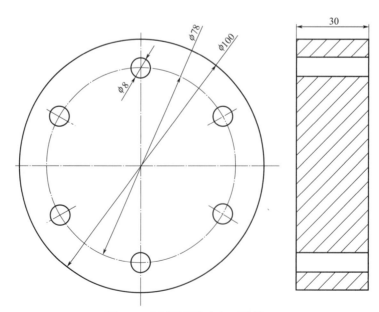

图 6-3　定制圆周均布加工案例一

(2) 参考程序

```
O1
M06 T1
G90 G54 G00 X0 Y0
M3 S1000
G43 H1 Z100
Z5
G81 Z-35 F80 K0
G11 D78 A90 B60 K6 F120
G80 Z100
M30
```

6.1.2 定制圆周均布加工案例二（图6-4）

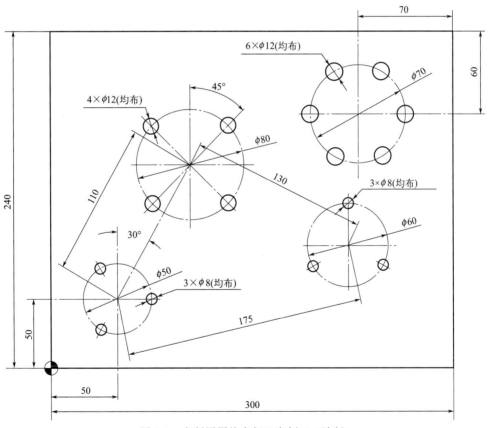

图6-4 定制圆周均布加工案例二（墙板）

(1) 工艺条件

毛坯为锻造，已经铣削至300mm×240mm×20mm，所有孔为通孔，工件零点在工件上表面左下角点，刀具为 ϕ8mm 钻头（T1）、ϕ12mm 钻头（T2）。

(2) 编程准备

计算 φ80mm、φ60mm 分布圆的圆心坐标，如图 6-5。

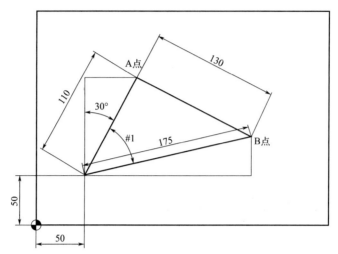

图 6-5 计算圆心坐标

计算圆心坐标如下：

$$X_A = 110 \times \sin 30° + 50 = 105$$
$$Y_A = 110 \times \sin 30° + 50 = 145.236$$
$$\#1 = \arccos[(110 \times 110 + 175 \times 175 - 130 \times 130)/(2 \times 110 \times 175)] = 47.87$$
$$X_B = 175 \times \sin(90° - 30° - \#1) + 50 = 221.095$$
$$Y_B = 175 \times \sin(90° - 30° - \#1) + 50 = 86.765$$

(3) 参考程序

```
O2
M06 T1
G90 G54 G00 X0 Y0
M3 S1000
G43 H1 Z100
Z5
G81 Z-24 F80 K0
G11 X50 Y50 D50 A0 B120 K3 F120
G11 X221.095 Y86.765 D60 A90 B120 K3
G80 Z100
M06 T2
G90 G54 G00 X0 Y0 M3 S600
G43 H2 Z100
Z5
G81 Z-24 F80 K0
G11 X105 Y145.263 D80 A45 B90 K4 F80
G11 X230 Y180 D70 A0 B60 K6
G80 Z100
M30
```

6.2 定制矩阵孔加工代码 G12（图 6-6）

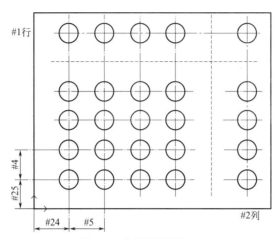

图 6-6 定制矩阵孔加工

6.2.1 编写用户宏程序

程序如下：

```
O9012
#1=5                (行数)
#2=7                (列数)
#3=12               (行宽)
#4=15               (列宽)
#24=45              (左下角第一个孔的 X 坐标位置)
#25=30              (左下角第一个孔的 Y 坐标位置)
#5=1
WHILE [#5LE#1] DO1
#6=1
WHILE [#6LE#2] DO2
#11=#24+[#6-1]*#4
#12=#25+[#5-1]*#3
#30=1
WHILE [#8EQ#30] DO3
#13=FIX[#5/2]*2
IF [#13EQ#5] THEN #11=#24+[#2-#6]*#4
#30=#30+1
END3
X#11 Y#12
#6=#6+1
END2
```

```
#5=#5+1
END1
M30
```

用户宏程序 O9012 的调用说明：

```
G12 X_ Y_ A_ B_ I_ J_ E_
```

注释：

X——初始孔 X 坐标值（用变量#24 传递）；
Y——初始孔 Y 坐标值（用变量#25 传递）；
A——行数（用变量#1 传递）；
B——列数（用变量#2 传递）；
I——行宽（用变量#4 传递）；
J——列宽（用变量#5 传递）；
E——轨迹选择（0 为单行，1 为往复；用变量#8 传递）。

设置参数 6051 为 12（图 6-7）。

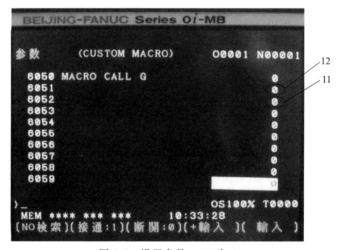

图 6-7　设置参数 6051 为 12

6.2.2　综合练习（图 6-8）

(1) 工艺条件

毛坯为锻造，已经铣削至 100mm×80mm×15mm；所有孔为通孔，工件零点在工件上表面左下角点；刀具为 ϕ7.6mm 钻头（T1）、ϕ7.9mm 镗刀（T2）、ϕ8mm 铰刀（T3）。

(2) 参考程序

```
O3
M06 T1
G90 G54 G00 X0 Y0 M3 S1000
G43 H1 Z100
```

```
Z5
G81 Z-19 F120 K0
G12 X15 Y12 A6 B6 I12 J15 E0        (往复线加工,效率较高)
G80 Z100
;
M06 T2
G90 G54 G00 X0 Y0 M3 S1500
G43 H2 Z100 Z5
G81 Z-16 F60 K0
G12 X15 Y12 A6 B6 I12 J15 E1        (单向加工,保证位置度)
G80 Z100
;
M06 T3
G90 G54 G00 X0 Y0 M3 S300
G43 H3 Z100 Z5
G81 Z-20 F80 K0
G12 X15 Y12 A6 B6 I12 J15 E0
G80 Z100
M30
```

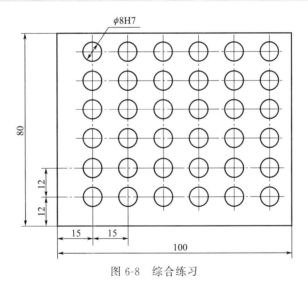

图 6-8 综合练习

6.3 定制矩阵加工 G13

6.3.1 编写用户程序

示例程序如下:

```
O9013
1=5(行数)
```

```
##2=7                        (列数)
#3=12                        (行宽)
#4=15                        (列宽)
#24=45                       (左下角第一个孔的 X 坐标位置)
#25=30                       (左下角第一个孔的 Y 坐标位置)
#5=1
WHILE [#5LE#1] DO1
    #6=1
    WHILE [#6LE#2] DO2
        #11=#24+[#6-1]*#4    (计算 X 坐标)
        #12=#25+[#5-1]*#3    (计算 Y 坐标)
        G52 X#11 Y#12
        M98 P#18
        G52 X0 Y0
        #6=#6+1
    END2
#5=#5+1
END1
M30
```

用户宏程序 O9013 的调用说明：

G13 X_ Y_ A_ B_ I_ J_ R_

注释：

X——初始孔 X 坐标值（用变量#24 传递）；

Y——初始孔 Y 坐标值（用变量#25 传递）；

A——行数（用变量#1 传递）；

B——列数（用变量#2 传递）；

I——行宽（用变量#4 传递）；

J——列宽（用变量#5 传递）；

R——子程序名（用变量#8 传递）。

设置参数 6053 为 13（图 6-9）。

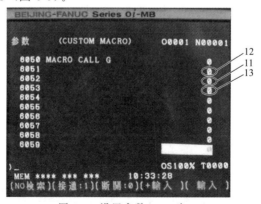

图 6-9 设置参数 6053 为 13

6.3.2 定制矩阵加工 G13 案例一（图 6-10）

(1) 工艺条件

毛坯为锻造，已经铣削至 80mm×60mm×18mm，工件零点在工件上表面左下角点，刀具为 φ6mm 铣刀。

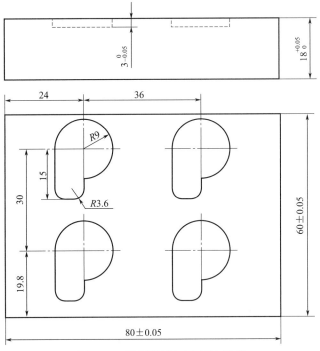

图 6-10 定制矩阵加工 G13 案例

(2) 参考程序

```
O4
M06 T1
G90 G54 G00 X0 Y0 M3 S1000
G43 H1 Z100
Z5 D1              （提示：提前指定半径补偿号 D1）
G13 X24 Y19.8 A2 B2 I30 J36 R1001
G00Z100
M30

O1001
G00 X0 Y0 Z5
G01 Z-3 F30
G41 Y-9
G03 X-9 Y0 J9
G01 Y-11.4
G03 X-5.4 Y-15 R3.6
```

```
G01 X-3.6
G03 X0 Y-11.4 R3.6
G01 Y-9
G40 Y0
G00 Z5
M99
```

(3) 子程序 O1001 的参考（图 6-11）

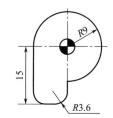

图 6-11　子程序 O1001 的参考

6.3.3　定制矩阵加工 G13 案例二（图 6-12）

(1) 工艺条件

毛坯为锻造，已经铣削至 $\phi100\text{mm}\times50\text{mm}\times18\text{mm}$，工件零点在工件上表面中心点，刀具为 $\phi8\text{mm}$ 铣刀（T5）。

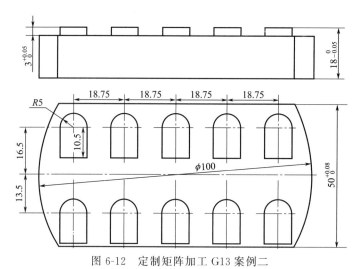

图 6-12　定制矩阵加工 G13 案例二

(2) 参考程序

```
O5                              (主程序)
M06 T5
G90 G54 G00 X0 Y0 M3 S1000
G43 H5 Z100
Z5 D5                           (提示：提前指定半径补偿号 5)
```

```
G13 X-37.5 Y-13.5 A2 B5 I30 J18.75 R1002
G00Z100
M30

O1002 （子程序）
G00 X0 Y0
Z5
G01 Z-3 F30
G41 Y-9
G03 X-9 Y0 J9
G01 Y-11.4
G03 X-5.4 Y-15 R3.6
G01 X-3.6
G03 X0 Y-11.4 R3.6
G01 Y-9
G40 Y0
G00 Z5
M99
```

(3) 子程序 O1002 的编程参考（图 6-13）

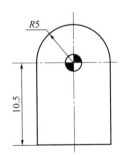

图 6-13　子程序 O1002 的编程参考

6.4　定制刀具切削寿命统计代码

(1) 编写程序

1) 程序

```
O9020
 IF [#4120 EQ 0] GOTO 10
 IF [#4120 EQ 200] GOTO 10       （假设刀库容量为 200 把刀）
 #3002=0
 N10 M03                         （子程序中的 M03 执行辅助功能，即主轴正转功能）
 M99


O9021
```

```
IF [#4120 EQ 0] GOTO 10
IF [#4120 EQ 200] GOTO 10      (假设刀库容量为200把刀)
#[500+#4120]=3002+#[500+#4120]
N10 M05                         (子程序中的M05执行辅助功能,即主轴停止功能)
M99
```

2) 修改参数

参数6080设置3,参数6081设置5（图6-14）。

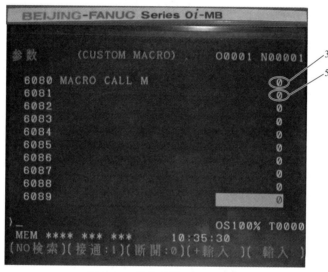

图6-14　修改参数6080、6081

提示1：自定义的M代码如果和系统辅助M代码冲突,则在主程序中按自定义代码执行,而在子程序中按系统辅助代码执行。例如,主程序中的M03调用用户宏程序O9020,M05调用用户宏程序O9021,而用户宏程序O9020、O9021中的M03和M05则被处理为普通辅助代码（主轴正转和主轴停止）。可以这样认为：自定义的M代码只能在主程序中使用。

提示2：在刀具首次切削加工时,#501~#701要赋值0。

(2) 案例（图6-15）

1) 工艺条件

毛坯为锻造,已经铣削至 $\phi 50mm \times 30mm$,批量加工；工件零点在工件上表面中心点,刀具为 $\phi 8mm$ 粗铣刀（T5）、$\phi 8mm$ 精铣刀（T6）。

2) 参考程序

```
O5
M06 T5
G90 G54 G00 X-5 Y11.5
M03 S900                        (主程序中的M03调用用户宏程序O9020,忽略主轴正转功能)
G43 H5 Z100
Z5
G01 Z0 F60
```

```
G17 G03 Y-11.5 Z-2.5 R11.5                （螺旋进刀）
G02 Y11.5 Z-5 R11.5
G41 D5 G01 Y7
G02 X-3.133 Y6.747 R7
G01 X10.8 Y2.89
G02 Y-2.89 R3
G01 X-3.133 Y-6.747
G02 X-5 Y7 R-7
G40 G01 Y11.5

G41 Y16
G03 X-0.733 Y-15.421 R-16
G01 X13.2 Y-11.565
G03 Y11.565 R12
G01 X-0.733 Y15.421
G03 X-5 Y16 R16
G40 G01 Y11.5
G00 Z100
M05                              （主程序中的M05是调用O9021用户宏程序）
M06 T6
G90 G54 G00 X-5 Y11.5
M3 S900
G43 H6 Z100
Z5
G01 Z-5 F60
G41 D6 G01Y7
G02 X-3.133 Y6.747 R7
G01 X10.8 Y2.89
G02 Y-2.89 R3
G01 X-3.133 Y-6.747
G02 X-5 Y7 R-7
G40 G01Y11.5

G41 Y16
G03 X-0.733 Y-15.421 R-16
G01 X13.2 Y-11.565
G03 Y11.565 R12
G01 X-0.733 Y15.421
G03 X-5 Y16 R16
G40 G01 Y11.5
G00 Z100
M05
M30
```

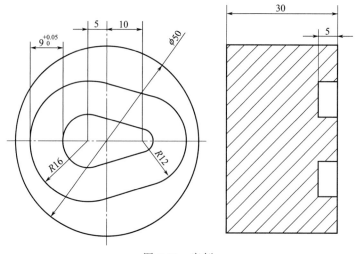

图 6-15 案例

提示:

ϕ8mm 粗铣刀和 ϕ8mm 精铣刀在首次使用时,要清空全局变量#501~#701;

当 ϕ8mm 粗铣刀(T5)磨损报废后,#505 中的数据即 T5 的总切削时间;

当 ϕ8mm 精铣刀(T6)磨损报废后,#506 中的数据即 T6 的总切削时间。

6.5 定制螺纹铣削 G 代码

6.5.1 单牙螺纹铣刀铣内螺纹的普通宏程序

(1) 零件图(图 6-16)

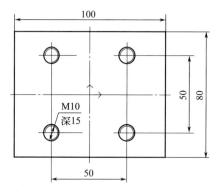

图 6-16 单牙螺纹铣刀铣内螺纹

(2) 工艺分析

编程零点定在工件上表面中心;M10 粗牙螺纹的螺距为 1.5mm;采用刃径 ϕ8.2mm 的单牙螺纹铣刀,如图 6-17 所示。

(3) 编程分析

螺纹铣削刀具,通常分为单牙螺纹铣刀和全牙螺纹铣刀。单牙螺纹铣刀具有制造成本低、使用灵活和不受螺距约束等特点,在产品试制、小批量加工中经常被采用。

图 6-17 单牙螺纹铣刀

(4) 参考程序 (普通宏程序)

```
O8
G90 G00 G54 X25 Y25
M3 S2400
G43 H1 Z100
Z5
#1=0
G01 Y24.1 F300
WHILE [#1 GE -15] DO1
G17 G02 J0.9 Z#1
#1=#1-1.5
END1
G01 Y25
G00 Z100
;
G00 X25 Y-25
Z5
#1=0
G01 Y-25.9 F300
WHILE [#1 GE -15] DO1
G17 G02 J0.9 Z#1
#1=#1-1.5
END1
G01 Y-25
G00 Z100
```

```
;
G00 X-25 Y-25
Z5
#1=0
G01 Y-25.9 F300
WHILE [#1 GE -15] DO1
G17 G02 J0.9 Z#1
#1=#1-1.5
END1
G01 Y-25
G00 Z100
;
G00 X-25 Y25
Z5
#1=0
G01 Y24.9 F300
WHILE [#1 GE -15] DO1
G17 G02 J0.9 Z#1
#1=#1-1.5
END1
G01 Y25
G00 Z100
M30
```

提示：在"G17 G03 J0.9 Z#1"语句中，0.9表示铣削半径，铣削半径是通过螺纹大径减刀具直径再除以2得到的。因为是普通宏程序，只要自己能看懂即可。

6.5.2 单牙螺纹铣刀铣内螺纹的用户宏程序

(1) 图纸、工艺

同6.5.1节。

(2) 主程序

```
O9
G90 G00 G54 X0 Y0
M3 S2400
G43 H1 Z100
Z20
G118 X25 Y25 Z-15 R5 K0.9 Q1.5 F300
G118 X25 Y-25 Z-15 R5 K0.9 Q1.5
G118 X-25 Y25 Z-15 R5 K0.9 Q1.5
G118 X-25 Y-25 Z-15 R5 K0.9 Q1.5
G00 Z100
M30
```

提示：G118 调用用户宏程序 O9018，K0.9 表示铣削半径，Q1.5 表示螺距 1.5。

(3) 用户宏程序

```
O9018
#2=#5003                    (记录当前 Z 坐标)
G90 G00 X#24 Y#25
Z#18
G91 G01 Y-#6 F#9
#1=#18
WHILE [#1 GE #26] DO1
    G17 G90 G02 J#6 Z#1
    #1=#1-#17
END1
G91 G01 Y#6                 (使刀具回到孔中心)
G90 G00 Z#2                 (使刀具回到初始 Z 轴位置，本案例为 Z20 位置)
M99
```

用户宏程序使用说明：

G118 调用宏程序 O9018。

P——子程序；

X——孔中心 X 坐标值，用变量 #24 传递；

Y——孔中心 Y 坐标值，用变量 #25 传递；

Z——孔深，用变量 #26 传递；

K——铣削半径，用变量 #6 传递；

Q——螺距，用变量 #17 传递。

(4) 定制 G 代码（机床参数设置）

参数开关：1（允许修改参数）。

设定参数：3202 #4（NE9=0）。

输入程序：O9018。

设定参数：3202 #4（NE9=1）。

设定参数：6058 （118）。

参数开关：0（不允许修改参数）。

(5) 对比普通宏程序和用户程序

在批量加工时调用用户宏程序可以极大地简化编程工作量，使程序更加安全可靠。但是用户宏程序的编写要考虑全面一些，需要进行多次调试，尽可能适应所有可能出现的情况。

6.5.3 用户宏程序的改进 1——加入保护功能

(1) 图纸、工艺

同 6.5.1 节。

(2) 主程序

```
O9
G90 G00 G54 X0 Y0
M3 S2400
G43 H1 Z100
Z20
G118 X25 Y25 Z-15 R5 K0.9 Q1.5 F300
G118 X25 Y-25 Z-15 R5 K0.9 Q1.5
G118 X-25 Y25 Z-15 R5 K0.9 Q1.5
G118 X-25 Y-25 Z-15 R5 K0.9 Q1.5
G00 Z100
M30
```

(3) 用户宏程序

```
O9018
N1                  (缺少必要参数不加工)
IF[#24 EQ #0] GO99
IF[#25 EQ #0] GO99
IF[#26 EQ #0] GO99
IF[#18 EQ #0] GO99
IF[#17 EQ #0] GO99
IF[#6 EQ #0] GO99
;
#2=#5003            (记录当前Z坐标)
G90 G00 X#24 Y#25
Z#18
G91 G01 Y-#6 F#9
#1=#18
WHILE [#1 GE #26] DO1
   G17 G90 G03 J#6 Z#1
   #1=#1-#17
END1
G91 G00 Y#6
G90 G00 Z#2
GOTO400
;
N99 #3000=98(ERROR P X Y Z K R)
;
N400
M99
```

用户宏程序 O9018 的使用说明：

当缺少 P、X、Y、Z、K、R 任一参数时，程序报警并提示缺少加工参数。避免因缺少参数导致损坏零件。

6.5.4 用户宏程序的改进 2——增加内螺纹的全牙螺纹刀插补功能

(1) 图纸、工艺

零件图和工艺同 6.5.1 节。$\phi 8.2 \mathrm{mm}$ 全牙螺纹铣刀见图 6-18。

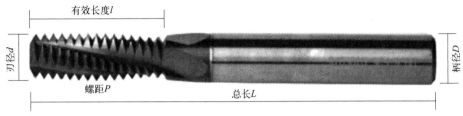

图 6-18 $\phi 8.2 \mathrm{mm}$ 全牙螺纹铣刀

(2) 主程序

```
O9
G90 G00 G54 X0 Y0
M3 S2400
G43 H1 Z100
Z20
G118 X25 Y25 Z-15 R5 K0.9 Q-1.5
G118 X25 Y-25 Z-15 R5 K0.9 Q-1.5
G118 X-25 Y25 Z-15 R5 K0.9 Q-1.5
G118 X-25 Y-25 Z-15 R5 K0.9 Q-1.5
G00 Z100
M30
```

(3) 用户宏程序

```
O9018
N1                       (缺少必要参数不加工)
IF[#24 EQ #0] GO99
IF[#25 EQ #0] GO99
IF[#26 EQ #0] GO99
IF[#18 EQ #0] GO99
IF[#17 EQ #0] GO99
IF[#6 EQ #0] GO99
;
#2=#5003                 (记录当前 Z 坐标)
IF[#17 LT 0] GO200       (Q 大于 0,单牙铣;Q 小于 0,全牙铣)
;
N100                     (DAN YA)
G90 G00 X#24 Y#25
Z#18
G91 G01 Y-#6 F#9
```

```
#1=#18
WHILE [#1 GE #26] DO1
G17 G90 G02 J#6 Z#1
#1=#1-#17
END1
G91 G00 Y-#6
G90 G00 Z#2
GOTO400
;
N200                        (QUAN YA)
#17=-#17                    (把螺距变回正值)
G90 G00 X#24 Y#25
Z#18
G01 Z[#26+#17] F#9
G91 G01 Y#6
#1=#26
WHILE [#1 GE #26] DO1
G17 G90 G02 J#6 Z#1
#1=#1-#17
END1
G91 G00 Y#6
G90 G00 Z#2
GOTO400
;
N99 #3000=98                (ERROR P X Y Z K R)
;
N400
M99
```

用户宏程序 O108 的使用说明：

Q 表示螺距，当 Q 值为正时表示单牙螺纹刀铣削；当 Q 值为负时表示全牙螺纹刀铣削。

6.5.5 用户宏程序的改进 3——增加外螺纹的单牙螺纹刀插补功能

(1) 零件图（图 6-19）

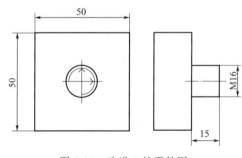

图 6-19 改进 3 的零件图

(2) 工艺分析

编程零点定在工件上表面中心。M16 粗牙螺纹的螺距为 2mm。采用刃径 $\phi 13mm$ 单牙螺纹铣刀。

(3) 主程序

```
O1
G90 G00 G54 X0 Y0
M3 S2400
G43 H1 Z100
Z20
G118 X25 Y25 Z-15 R5 K-1.5 Q2
G00 Z100
M30
```

(4) 用户宏程序

```
O9018
N1                      (缺少必要参数不加工)
IF[#24 EQ #0] GO99
IF[#25 EQ #0] GO99
IF[#26 EQ #0] GO99
IF[#18 EQ #0] GO99
IF[#17 EQ #0] GO99
IF[#6 EQ #0] GO99
;
#2=#5003                (记录当前Z坐标)
IF[#6 LT 0] GO300       (K大于0,铣内螺纹;K小于0,铣外螺纹)
;
IF[#17 LT 0] GO200      (Q大于0,单牙铣;Q小于0,全牙铣)
;
N100                    (DAN YA)
G90 G00 X#24 Y#25
Z#18
G91 G01 Y-#6 F#9
#1=#18
WHILE [#1 GE #26] DO1
    G17 G90 G02 J#6 Z#1
    #1=#1-#17
END1
G91 G00 Y#6
G90 G00 Z#2
GOTO400
;
N200                    (QUAN YA)
#17=-#17
```

```
G90 G00 X#24 Y#25
Z#18
G01 Z[#26+#17] F#9
G91 G01 Y-#6
#1=#26
WHILE [#1 GE #26] DO1
    G17 G90 G02 J#6 Z#1
    #1=#1-#17
END1
G91 G00 Y#6
G90 G00 Z#2
GOTO400
;
N300        (XI WAI LUO WEN)
#6=-#6
N310        (DAN YA)
G90 G00 X#24 Y[#25-#6-#17*2]
Z#18
G91 G01 Y[#17*2]  F#9
#1=#18
WHILE [#1 GE #26] DO1
    G17 G90 G02 J#6 Z#1
    #1=#1-#17
END1
G91 G00 Y-[#17*2]
G90 G00 Z#2
GOTO400
;
N99 #3000=98(ERROR P X Y Z K R)
;
N400
M99
```

6.5.6 用户宏程序的改进 4——增加外螺纹的全牙螺纹刀插补功能

(1) 图纸、工艺

零件同前。采用 ϕ13mm 全牙螺纹铣刀。

(2) 主程序

```
O1
G90 G00 G54 X0 Y0
M3 S2400
G43 H1 Z100
Z20
```

```
G118 X25 Y25 Z-15 R5 K-1.5 Q-2
G00 Z100
M30
```

(3) 用户宏程序

```
O9018
N1                          (缺少必要参数不加工)
IF[#24 EQ #0] GO99
IF[#25 EQ #0] GO99
IF[#26 EQ #0] GO99
IF[#18 EQ #0] GO99
IF[#17 EQ #0] GO99
IF[#6 EQ #0] GO99
;
#2=#5003                    (记录当前Z坐标)
IF[#6 LT 0] GO300           (K大于0,单牙铣螺纹;K小于0,全牙铣螺纹)
;
IF[#17 LT 0] GO200          (Q大于0,铣内螺纹;Q小于0,铣外螺纹)
;
N100                        (DAN YA)
G90 G00 X#24 Y#25
Z#18
G91 G01 Y-#6 F#9
#1=#18
WHILE [#1 GE #26] DO1
   G17 G90 G02 J#6 Z#1
   #1=#1-#17
END1
G91 G00 Y#6
G90 G00 Z#2
GOTO400
;
N200  (QUAN YA)
#17=-#17
G90 G00 X#24 Y#25
Z#18
G01 Z[#26+#17] F#9
G91 G01 Y-#6
#1=#26
WHILE [#1 GE #26] DO1
   G17 G90 G02 J#6 Z#1
   #1=#1-#17
END1
G91 G00 Y#6
```

```
        G90 G00 Z#2
        GOTO400
        ;
        N300                    (XI WAI LUO WEN)
        #6=-#6
        IF[#17 LT 0] GO350      (Q 大于 0,铣内螺纹;Q 小于 0,铣外螺纹)
        ;
        N310                    (DAN YA)
        G90 G00 X#24 Y[#25-#6-#17*2]
        Z#18
        G91 G01 Y[#17*2]   F#9
        #1=#18
        WHILE [#1 GE #26] DO1
            G17 G90 G02 J#6 Z#1
            #1=#1-#17
        END1
        G91 G00 Y-[#17*2]
        G90 G00 Z#2
        GOTO400
        ;
        N350                    (QUAN YA)
        #17=-#17
        G90 G00 X#24 Y[#25-#6-#17*2]
        Z#18
        G01 Z[#26+#17] F#9
        G91 G01 Y[#17*2]
        #1=#26
        WHILE [#1 GE #26] DO1
            G17 G90 G02 J#6 Z#1
            #1=#1-#17
        END1
        G91 G00 Y-[#17*2]
        G90 G00 Z#2
        GOTO400
        ;
        N99 #3000=98            (ERROR X Y Z K R Q)
        ;
        N400
        M99
```

(4) 最终用户宏程序使用说明

G118——调用宏程序 O9018。

X——孔中心 X 坐标值,用变量#24 传递。

Y——孔中心 Y 坐标值,用变量#25 传递。

Z——孔深，用变量#26 传递。

R——铣螺纹起始 Z 轴位置，用变量#18 传递。

K——铣削半径，用变量#6 传递。当 K 为负值时，表示全牙铣削螺纹；当 K 为正值时，表示单牙铣削螺纹。

Q——螺距，用变量#17 传递。当 Q 为负值时，表示铣削外螺纹；当 Q 为正值时，表示铣削内螺纹。

总结：通过螺纹铣削用户宏程序的应用案例，我们可以了解到，用户宏程序是通过逐级添加参数，来完善和扩展功能的。

当然本案例还有提升、完善的空间。例如，如果想通过参数选择螺纹的铣削方式（顺铣或者逆铣），又该如何实现呢？这个问题就留给读者来完成吧！

6.5.7 定制螺纹铣削 G 代码综合练习

(1) 零件图（图 6-20）

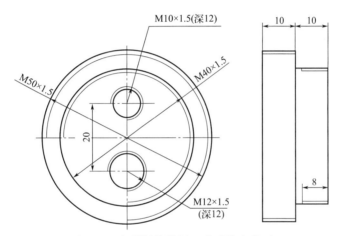

图 6-20 定制螺纹铣削 G 代码综合练习

(2) 工艺分析

编程零点定在工件上表面中心，外形已车成；

ϕ8.5 钻头钻孔；

ϕ10.5 钻头；

ϕ8 单牙螺纹铣刀，铣 M10×1.5 内螺纹，铣 M38.5×1.5 外螺纹；

ϕ8×1.5 全牙螺纹铣刀，铣 M12×1.5 内螺纹，铣 M48.5×1.5 外螺纹。

(3) 主程序

```
O1
M6 T11                    (ϕ8.5 钻头)
G90 G00 G54 X0 Y10
M3 S2400
G43 H11 Z100
Z5
```

```
G81 Z-16 R5  F100
G80 Z100

M6 T12                          (φ10.5钻头)
G90 G00 G54 X0 Y-10
M3 S2400
G43 H12 Z100
Z5
G81 Z-16 R5  F100
G80 Z100

M6 T13                          (M8-单牙-1.5)
G90 G00 G54 X0 Y0
M3 S2400
G43 H13 Z100
Z50
G65 P9013 X0 Y10 Z-12 R3 K1 Q1.5    (铣M10×1.5内螺纹)
G65 P9013 X0 Y0 Z-8 R3 K-23.75 Q1.5 (铣M40×1.5外螺纹)
G00 Z100

M6 T14                          (M8-全牙-1.5)
G90 G00 G54 X0 Y0
M3 S2400
G43 H9 Z100
Z50
G65 P9013 X0 Y-10 Z-12 R3 K2 Q-1.5   (铣M12×1.5内螺纹)
G65 P9013 X0 Y0 Z-22 R3 K-28.25 Q-1.5 (铣M50×1.5外螺纹)
G00 Z100
M30
```

(4) 模拟轨迹（图 6-21）

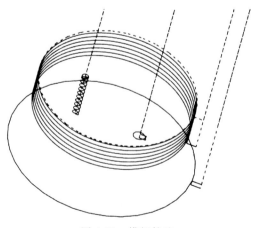

图 6-21　模拟轨迹

6.6 定制螺旋铣孔 G 代码

6.6.1 公式法插补

(1) 公式法编程流程图

第一步：确定公式，示意图见图 6-22。

$\alpha = 0 \sim 999999$（角度变化从 0 到无穷大）

$R = \alpha/360 \times P$（螺距）

$X = R\sin\alpha$

$Y = R\cos\alpha$

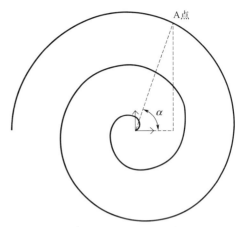

图 6-22 确定公式的示意图

第二步：流程图（图 6-23）。

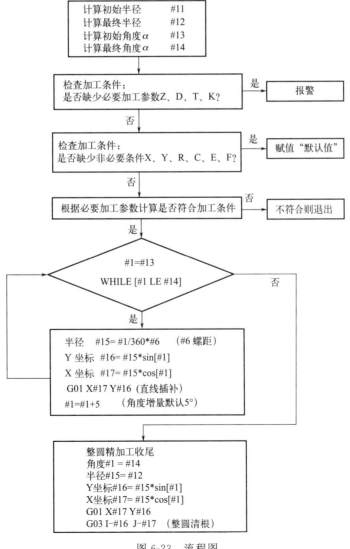

图 6-23 流程图

(2) 编写用户宏程序

```
O9019
#23=#5003                        (记录初始 Z 坐标)
#22=#4109                        (记录初始 F)
IF [#9 EQ #0] THEN #9=#22        (如果省略 F,则默认前面 F)
IF [#8 EQ #0] THEN #8=#9         (如果省略 E,则默认程序 E)
IF [#26 NE #0] GOTO 200          (如果省略 Z,报警)
IF [#7 NE #0] GOTO 200           (如果省略 D,报警)
IF [#20 NE #0] GOTO 200          (如果省略 T,报警)
IF [#6 NE #0] GOTO 200           (如果省略 K,报警)
#3000=119 ( NO DEPTH-DIAMITER-KUAN-FEED)
;
N200
#11=[#3-#20]/2-1                 (起始半径)
#12=[#7-#20]/2                   (编程半径)
IF [ #11 LT 0 ]   THEN #11=0     (如果起始半径小于 0,则起始半径=0)
IF [#11 GE #12] GOTO 100         (如果起始半径大于切削半径,则结束加工)
#13=#11 * 360/#6                 (起始角度)
#14=#12 * 360/#6                 (最终角度)
;
    #16=#11 * sin(#13)
#17=#11 * cos(#13)
G00 X[#24+#16] Y[#25+#17]        (如果省略 XY,则在当前位置铣孔)
G00 Z#18
G01 Z#26 F#8
F#9
;
#1=#13
WHILE  [#1 LE #14 ] DO1
  #15=#1/360 * #6
      #16=#15 * sin(#1)
      #17=#15 * cos(#1)
G01 X[#24+#16] Y[#25+#17]
#1=#1+5                          (5°为角度增量)
END1
  #1=#14
  #15=#12
      #16=#15 * sin(#1)
      #17=#15 * cos(#1)
G01 X[#24+#16] Y[#25+#17]
G03 I-#16  J-#17
G00 Z#23
M99
```

(3) 宏程序调用说明：

调用格式：

```
G65 P9019 X_ Y_ Z_ R_ C_ D_ T_ K_ E_ F_
```

必填参数（省略或填写错误，程序会报警提示）：
Z（孔深）；
D（孔直径）；
T（刀直径）；
K（切削宽度）。
选填参数：
X（孔心坐标），默认当前 X 坐标；
Y（孔心坐标），默认当前 Y 坐标；
C（底孔直径），默认 0；
R（初始 Z 坐标），默认当前 Z 坐标；
E（Z 轴进给速度），默认切削速度；
F（切削速度），默认系统切削速度。

(4) 定制 G119 代码（机床参数设置）

参数开关：1（允许修改参数）。
设定参数：3202 #4（NE9＝0）。
输入程序：O9019。
设定参数：3202 #4（NE9＝1）。
设定参数：6058（119）。
参数开关：0（不允许修改参数）。

(5) 公式法插补零件图（图 6-24）

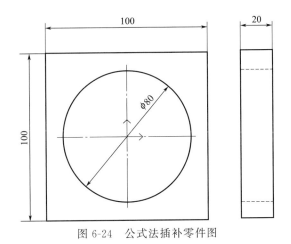

图 6-24 公式法插补零件图

(6) 工艺 1

编程零点定在工件上表面中心，采用 φ10 立铣刀扩孔。程序如下：

```
O1
M6 T1
G90 G00 G54 X0 Y0
M3 S2400
G43 H1 Z100
Z5
G119 X0 Y0 Z-20 D80 T10 K8 F500
G00 Z100
M30
```

(7) 工艺 1 模拟轨迹（图 6-25）

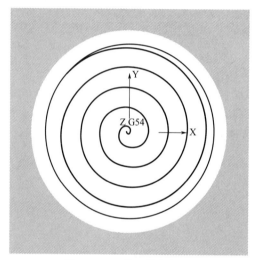

图 6-25 工艺 1 模拟轨迹

扫码看视频：6.6.1 小节案例

(8) 用户宏程序分析

问题 1：步进角度固定为 5°，对加工效果会产生什么影响？如果改成可变步进角，该如何操作？

问题 2：当前宏程序加工为"顺铣"扩孔，如果想改成"逆铣"扩孔又该如何修改程序？

提示：在提出问题、分析问题、解决问题的过程中，我们的编程能力会得到提高，创新能力也会同步提升！

(9) 工艺 2

编程零点定在工件上表面中心，用 $\phi 20$ 钻头，预钻孔，用 $\phi 10$ 立铣刀扩孔。程序如下：

```
O2
M6 T2        (φ20 钻头)
G90 G00 G54 X0 Y0
M3 S2400
G43 H1 Z100
Z5
G81 Z-25 F80
```

```
G80 Z100
;
M6 T1      (φ10铣刀)
G90 G00 G54 X0 Y0
M3 S2400
G43 H1 Z100
Z5
G119 X0 Y0 Z-20 C20 D80 T10 K8 F500
G00 Z100
M30
```

(10) 工艺 2 模拟轨迹（图 6-26）

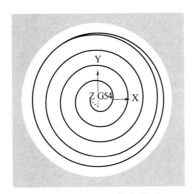

图 6-26 工艺 2 模拟轨迹

6.6.2 圆弧拟合法插补

(1) 圆弧拟合法插补编程流程图

第一步：圆弧拟合法插补示意图见图 6-27。

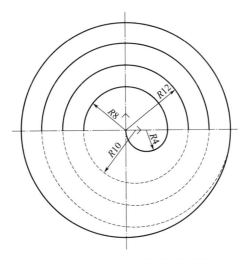

图 6-27 圆弧拟合法插补示意图

第二步：流程图（图 6-28）。

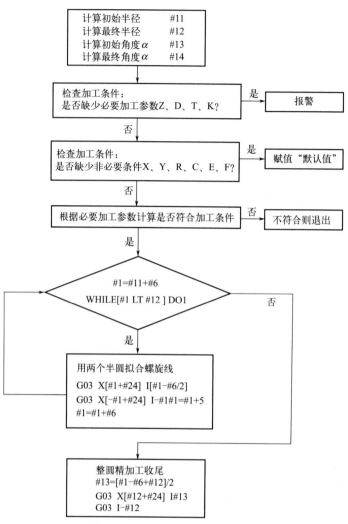

图 6-28　圆弧拟合法插补流程图

（2）编写用户宏程序

```
O9019
#23=#5003
#22=#4109
IF [#9 EQ #0] THEN #9=#22
IF [#8 EQ #0] THEN #8=#9
IF [#26 EQ #0] GOTO 300
IF [#7  EQ #0] GOTO 300
IF [#20 EQ #0] GOTO 300
IF [#6  EQ #0] GOTO 300

#11=[#3-#20]/2
#12=[#7-#20]/2
```

```
IF [#11 LT 0]  THEN #11=0
IF [#11 GE #12] GOTO 100
IF [#12 LT #6] GOTO 100
G00 X[#24-#11]  Y#25
G00 Z#18
G01 Z#26 F#8
F#9
#1=#11+#6
G01 X[#24-#1+#6]
WHILE  [#1 LT #12] DO1
G03   X[#1+#24] I[#1-#6/2]
G03   X[-#1+#24]  I-#1
#1=#1+#6
END1
IF [#1 GT #12] GOTO10
G03   X[#1+#24] I[#1-0.5*#6]
G03   I-#1
G00 Z#23
GOTO100

N10
#13=[#1-#6+#12]/2
G03   X[#12+#24]  I#13
G03   I-#12
G00 Z#23
GOTO100

N300
#3000=119(NO   DEPTH-DIAMITER-KUAN-FEED)
N100
M99
%
```

(3) 宏程序调用说明：

调用格式：

```
G65 P9019  X_ Y_ Z_ R_ C_ D_ T_ K_ E_ F_
```

必填参数（省略或填写错误，程序会报警提示）：

Z（孔深）；

D（孔直径）；

T（刀直径）；

K（切削宽度）。

选填参数：

X（孔心坐标），默认当前 X 坐标；

Y（孔心坐标），默认当前 Y 坐标；

C（底孔直径），默认 0；

R（初始 Z 坐标），默认当前 Z 坐标；

E（Z 轴进给速度），默认切削速度；

F（切削速度），默认系统切削速度。

（4）定制 G 代码

同 6.6.1 节案例。

（5）零件图

参见图 6-24。

（6）主程序

```
O1
M6 T1
G90 G00 G54 X0 Y0
M3 S2400
G43 H1 Z100
Z5
G119 X0 Y0 Z-20 D80 T10 K8 F500
G00 Z100
M30
```

（7）圆弧拟合法插补模拟轨迹（图 6-29）

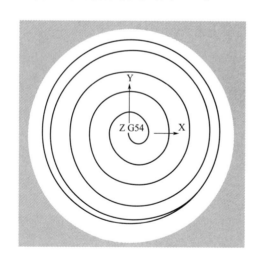

图 6-29 圆弧拟合法插补模拟轨迹

扫码看视频：6.6.2 小节案例

（8）用户宏程序分析思考题

问题 1：对比"公式法插补"与"圆弧拟合法插补"，加工效果有何不同？

问题 2：当前宏程序加工为"顺铣"扩孔，如果想改成"逆铣"扩孔，又该如何修改程序？

第 7 章

检测与测量

在典型的数控编程中除了生成刀具轨迹外,还能实现自动换刀、交换工作台等功能。随着数控技术的发展,刀具的破损检测和零件的尺寸测量也成为了数控编程的一部分。利用探针和宏程序对工件的自动测量,使制造过程的自动化进一步得以实现。探针的应用降低了对刀过程中的失误和尺寸测量中的失误,缩短了操作工人的准备时间,提高了数控机床的利用率。

探针作为一把刀具,被安装在刀库中。和刀具一样,探针也有不同的形状和尺寸,要根据零件的大小和形状来选择使用。探针的制造精度、测量系统的精度,都将影响最终测量结果的精度。图 7-1、图 7-2 是英国雷尼绍公司的一款探针测头。

图 7-1　探针测头产品图

图 7-2　探针测头实拍图

7.1　探头刀具的对刀与检测

采用光电探头刀具,完成图 7-3 零件的 X、Y 轴自动对中,并测量壁厚、测量宽度。

7.1.1　工艺条件

工件零点在工件上表面中心点,刀具为 $\phi16$ HSS 立铣刀(T1)、$\phi10$ 探针(T2),毛坯为 $\phi50\times40$(由 $\phi55\times45$ 棒料车成,表面无缺陷)。

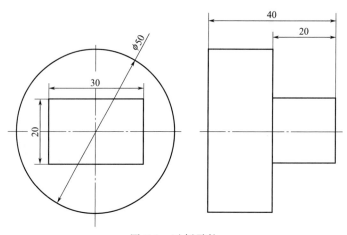

图 7-3 示例零件

7.1.2 对刀测量过程

① 首先粗略估计工件零点，并输入工件坐标系 G54 中。
② 打开主程序 O1。
③ 调用子程序 O9011，准确测量工件零点，并通过 G10 指令输入 G54 坐标系。
④ 完成工件的切削。
⑤ 调用子程序 O9012，测量加工尺寸（图 7-4）。

```
O1
M06 T2
G90
G65 P9011 T2 Q55        （自动对刀,使用 2 号探头刀具,对刀结果输入 G55 中）
M00
M06 T1
G90 G00 G55 X-35  Y35
M3 S600
G43 H1 Z100
Z5
#1=-5
#2=-20
WHILE [#1 GE #2] DO1
G00 X-35 Y35
Z5
G01 Z#1 F80
G41 D1 Y10
X15
Y-10
X-15
Y35
G40 X-35
```

```
G00 Z5
#1=#1-5
END1
G00 Z100
M00
M06 T2
G90
G65 P9012 T2 Q55 D10     (自动测量,使用 2 号探头刀具,探针的球头直径是 10)
G00 Z100
M30
```

7.1.3 探针对刀程序(图 7-5)

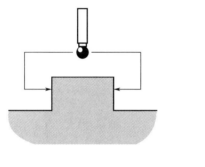

图 7-4 测量示意图

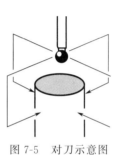

图 7-5 对刀示意图

```
O9011                    (探针对刀程序)
G90 G00 G#17 X-50 Y0
M05                      (探针不能旋转使用)
G43 H#20 Z100
Z5
G01 Z-10 F200
G31 X0                   (跳转功能,执行 G01 的轨迹)
(提示:探针在执行 G01 X0 的过程中接触工件后,X 轴停止运动)
#11=#5021                (记录机床坐标系 X 坐标值)
G00 Z50
X50 Y0
Z5
G01 Z-10
G31 X0
#12=#5021                (记录机床坐标系 X 坐标值)
G00 Z10
X0 Y50
Z5
G01 Z-10
G31 Y0
```

```
#13=#5022              (记录机床坐标系Y坐标值)
G00 Z10
X0 Y-50
Z5
G01 Z-10
G31 Y0
#14=#5022              (记录机床坐标系Y坐标值)
G00 Z10
G00 X0 Y0
Z5
G31 Z-10
#15=#5023              (记录机床坐标系Z坐值)
#101=[#11+#12]/2
#102=[#13+#14]/2
#103=#15-#2002-#2202   (#2002是2号探针几何长度,#2202是2号探针磨损长度)
G10 L2 P[#17-53]    X#101 Y#102 Z#103
M99
```

7.1.4 探针测量程序1

```
O9012
G90 G00 G#17 X-50 Y0
M05
G43 H#20 Z100
Z5
G01 Z-10 F200
G31 X0
#11=#5021
G00 Z50
X50 Y0
Z5
G01 Z-10
G31 X0
#12=#5021
G00 Z10
X0 Y50
Z5
G01 Z-10
G31 Y0
#13=#5022              (记录机床坐标系Y坐标值)
G00 Z10
X0 Y-50
Z5
G01 Z-10
```

```
G31 Y0
#14=#5022            (记录机床坐标系 Y 坐标值)
G00 Z10
#501=#11+#12-#7
#502=#13+#14-#7
M99
```
(测量结果被存放到变量#501 和#502 中)

7.1.5 探针测量程序 2

提示：G31 功能中的跳转信号接通时，刀具的当前位置会自动存储到系统变量#5061～#5064 中。当 G31 程序段执行完毕后，探针仍没有接触工件，即跳转信号没有接通，变量#5061～#5064 存储指定程序段的终点值。

```
O9013                (效果同 O9012)
G90 G00 G#17 X-50 Y0
M05
G43 H#20 Z100
Z5
G01 Z-10 F200
G31 X0
#11=#5061
G00 Z50
X50 Y0
Z5
G01 Z-10
G31 X0
#12=#5061
G00 Z10
X0 Y50
Z5
G01 Z-10
G31 Y0
#13=#5062            (记录机床坐标系 Y 坐标值)
G00 Z10
X0 Y-50
Z5
G01 Z-10
G31 Y0
#14=#5062            (记录机床坐标系 Y 坐标值)
G00 Z10
#501=#11+#12-#7
#502=#13+#14-#7
M99
```
(测量结果被存放到变量#501 和#502 中)

7.2 机内自动对刀 Z 轴仪

机内自动对刀仪的使用,减少了机床的辅助时间,可显著提高机床工作效率。常见的机内 Z 轴对刀仪见图 7-6、图 7-7。

图 7-6 机内 Z 轴对刀仪 1

图 7-7 机内 Z 轴对刀仪 2

7.2.1 编写一个最简单的对刀宏程序

```
O9010
#3004=2                      (F LOCK)
IF [#18 EQ 1] GOTO10
IF [#18 EQ 2] GOTO20
IF [#18 EQ 3] GOTO30
#3000=110(P ERROR)
;
N10 G91
G31 Z-20 F60
#[11000+#20]=#5023-#502
G00 Z30
G90
GOTO50
;
N20 G53 G90 G00 Z0
X-20 Y-20                    (Z 轴自动对刀仪中心的机床坐标,根据实际安装位置进行调整)
```

```
G91
G31 Z-500 F1000
G00 Z3
G31 Z-20 F60
#[11000+#20]=#5023-#502
G90 G53 G00 Z30
GOTO50
;
N30 G91
G31 Z-20 F60
#502=#5023-#[11000+#20]
G00 Z30
G90
GOTO50
N50
M99
%
```

注释1：这是一个最简单的机内对刀宏程序，适用大部分情况下的对刀，可以完成Z轴仪校准、半自动对刀、全自动对刀。在使用过程中，可以根据对刀习惯和工作现场的需要，进行适当的调整扩展。

注释2：程序中，"X-20 Y-20"为Z轴仪中心的X、Y轴坐标。在全自动对刀时，刀具先到达Z轴最高点，而后以F1000的速度向下探测Z轴仪，当探测到Z轴仪后，再以F60的速度完成精准对刀。探测速度根据机床性能进行"测试"后确定，太快会损坏Z轴仪，太慢会影响对刀效率，需要找到一个兼顾安全与效率的中间值。

7.2.2 定制G110代码

参数开关：1（允许修改参数）；
设定参数：3202 #4（NE9=0）；
输入程序：O9010；
设定参数：3202 #4（NE9=1）；
设定参数：6058 （110）；
参数开关：0（不允许修改参数）。

7.2.3 自动对刀仪的校准

① 自动对刀仪属于一种对刀工具，和具体的对刀方法没有关系，无论是绝对对刀、相对对刀，还是比较对刀、中间面对刀，都可以使用自动对刀仪。首先按照自己的对刀方法，完成一把刀具的"刀具长度补偿"测量。而后把刀具长度补偿数值，输入到对应的"寄存器"中。例如，主轴上装的是1#刀具，用其他对刀工具完成刀具长度补偿测量后，把测量值输入到"H1"中。

② 调用用户宏程序，完成自动对刀仪的校正。

由于校准过程，输入半自动模式。首先用手轮移动刀具，让刀具和自动对刀仪沿Z轴大致同轴，停在距离自动对刀仪顶面距离小于 15mm 的位置。

方式 1：编写程序 O1，并在自动模式下执行程序，即可完成校准。

```
O1
G110 R3
M30
```

方式 2：在 MDI 模式下，输入语句 G110 R3；执行此程序段，即可完成校准。

7.2.4 半自动对刀

首先用手轮移动刀具，让刀具和自动对刀仪沿 Z 轴大致同轴，停在距离自动对刀仪顶面距离小于 15mm 的位置。半自动对刀适合绝大多数种类的刀具，可以根据刀具结构特点，来选择对刀位置。

方式 1：编写程序 O1，并在自动模式下执行程序，即可完成半自动对刀。

```
O1
G110 R1
M30
```

方式 2：在 MDI 模式下，输入语句 G110 R1；执行此程序段，即可完成半自动对刀。

7.2.5 全自动对刀

全自动对刀适合立铣刀、钻头等标准刀具的对刀，也就是刀具的最高点在主轴轴线和刀具顶面的交点。

在任意安全的起始位置，都可以完成全自动对刀。对刀动作如下，首先刀具沿 Z 轴正方向到达最高点，而后沿 X、Y 坐标轴移动到自动对刀仪的上方，此时刀具中心和 Z 轴仪中心重合，而后刀具沿 Z 轴负方向快速向下探测 Z 轴仪位置，当探测到 Z 轴仪后，再沿 Z 轴正方向回退一定的安全距离，本案例是 3mm，而后再次向下执行精准对刀过程。

方式 1：编写程序 O1，并在自动模式下执行程序，即可完成自动对刀。

```
O1
G110 R2
M30
```

方式 2：在 MDI 模式下，输入语句 G110R2；执行此程序段，即可完成自动对刀。

第 8 章

捷径应用

8.1 加工中心换刀程序

在加工中心机床上,换刀指令是 M06。当 M06 被执行时,会自动调用换刀宏程序。为了换刀安全,加工中心机床的换刀程序一般都是 O9001,并且设置密码对程序进行保护,避免被误编辑或删除。不同的换刀装置,换刀程序有很大的区别。

图 8-1 是立式 4 轴加工中心;图 8-2 为斗笠式刀库,无机械手。下面是其换刀程序 O9001。

图 8-1 立式 4 轴加工中心

图 8-2 斗笠式刀库

```
O9001
N10 G04 X1
N20 IF[#1001 EQ 1] GOTO10
N30 IF[#1003 NE 1] GOTO20
N40 #1100=1
N50 M19
N60 G53 G00 G90 Z0
N70 G91 G49 G30 P2 Z0      (返回第二参考点系列的第二个点)
N80 IF[#1004 NE 1] GOTO50
```

```
N90 M20
N100 IF[#1002 NE 1] GOTO100
N110 G91 G49 G30 P3 Z0      (返回第二参考点系列中的第三个点)
N120 IF[#1005 NE 1] GOTO110
N130 G04 X0.1
N140 IF[#1006 NE 1] GOTO130
N150 G91 G49 G30 P2 Z0
N160 IF[#1007 NE 1] GOTO150
N170 M27
N180 #1100=0
N190 G90
N200 G04 X2
N210 M99
```

提示：#1001～#1007 都是位置检测系统变量。G04 指令主要解决位置信号的传输延迟。

8.2 交换工作台程序

为使加工效率最大化，通常大型卧式加工中心都配有 2 个工作台，以减少零件装夹调整的时间。早期的两个工作台是各自独立的，现代的两个工作台则使用同一个转台（包括两个托盘）。

如图 8-3 所示是双工作台模型，图 8-4 是一种新型双工作台。而图 8-5 是早期的双工作台机床，供参考。

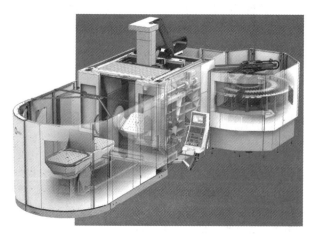

图 8-3 双工作台模型

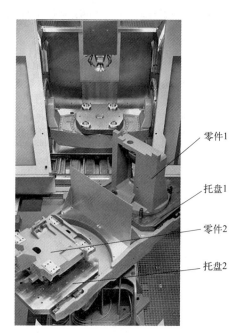

图 8-4 新型双工作台

下面的程序 O9025 是一个早期的卧式 4 轴加工中心机床（图 8-6）双工作台的交换程序。既可以用子程序调用，也可作为用户宏程序，通过自定义代码（例如：M60）调用。

图 8-5　早期双工作台机床

图 8-6　早期的卧式 4 轴加工中心机床

① 打开程序保护。设置参数"No.3202　#4(NE9＝0)"，打开 9000 号程序的读写保护。

② 编写程序 O9025。

```
O9025;
G90 G00 G53 G21 Z80;
G53 Y0;
M5;
IF [#1001 EQ #1002] GOTO 40;
IF [#1002 EQ 1] GOTO 30;
#510 ＝2;
GOTO 35;
N30 IF [#1001 EQ 1] GOTO 40;
#510 ＝1;
N35 IF [#510 EQ #4 ] GOTO 1100;
GOTO 50;
N40 IF [#1001 NE 1] GOTO 1000;
G00 G49 G40 G80 G90 G53 Z80;
G53 Y0;
M11;                    (关闭工作台隔离门)
G91 G28 B0;
M10;                    (打开工作台隔离门)
G91 G30 X0;
M63;                    (工作台调入)
GOTO 1100;
N50 IF [#510 NE 1 ] GOTO 100;
IF [#510 EQ 1 ] GOTO 110;
N100 IF[#510 NE 2 ] GOTO 1000;
IF [#510 EQ 2 ] GOTO 210;
N210 #101 ＝3;
#102 ＝2;
```

```
        GOTO 300;
        N110 #101=2;
        #102=3;
        GOTO 300;
        N300 G00 G90 G53 Z0;
        G53 Y0;
        M11;
        G28 G91 B0;
        M10;
        N350 G30 G91 P#101 X0;
        N400 M64;                    (工作台调出)
        N450 G30 P#102 X0;
        N500 M63;
        IF [#1002 EQ 3 ] GOTO600;
        #510=1;
        GOTO 1100;
        N600 #510=2;
        GOTO1100;
        N1000 #3000=1 [PALLETERR]  (托盘报警)
        N1100 M99;
```

程序注释：

当两个工作台都在托盘上时，调入第一个托盘上的工作台；

当第一个工作台在托盘上，并且第二个工作台在机床内时，调入第一个托盘上的工作台；

当第二个工作台在托盘上，并且第一个工作台在机床内时，调入第二个托盘上的工作台；

当第一个工作台不在托盘上，并且第二个工作台也不在托盘上时，故障报警。

提示：#1001、#1002、#1003、#1004 是两个工作台的位置传感器。

③ 设置程序保护。设置参数"No.3202 #4（NE9=1）"。

④ 设置参数 6085 为 60。

⑤ 工作台交换。在主程序中，执行 M60 即可完成工作台交换。例如：下面的程序 O1 就可以完成双工作台交换。

```
        O1
        M60      (交换工作台)
        M30
```

第 9 章

4 轴加工

9.1 阀芯加工

图 9-1 是某阀芯的零件图。

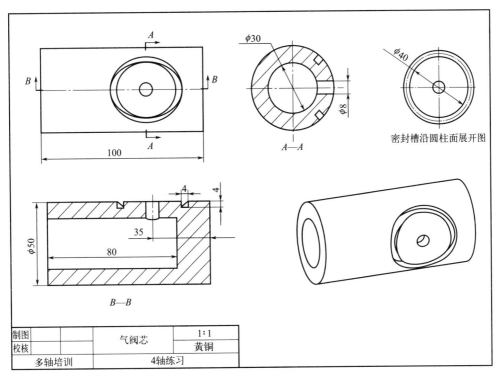

图 9-1 阀芯零件图

(1) 工艺过程

① 采用立式 4 轴机床（图 9-2）完成工件装夹（图 9-3）。

图 9-2 4 轴机床图

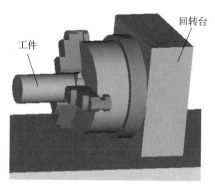

图 9-3 装夹图

② 刀具：$\phi 8$ 钻头（T1）、$\phi 4$ 铣刀（T2）。

③ 编程零点在左端面上母线交点（图 9-4）。

④ 编程难点：把 Y 坐标值转换成 A 轴的旋转角度（图 9-5）。

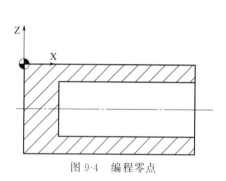

图 9-4 编程零点

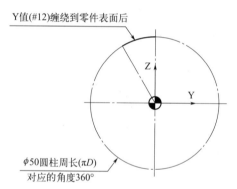

图 9-5 把 Y 坐标值转换成 A 轴的旋转角度

(2) 程序

```
O1
M06 T1
G90 G54 G00 X35 Y0
M3 S800
G43 H1 Z100
Z5
G81 Z-13 F120
G80 Z100
;
M06 T2
G90 G54 G00 X55 Y0
M3 S1600
G43 H2 Z100
```

```
Z5
G01 Z-4 F30
#1=0
WHILE [#1 LE 360] DO1
#11=20*COS[#1]+35
#12=20*SIN[#1]
#13=#12*360/[3.14*50]        (把Y坐标值转换成A轴的旋转角度)
X#11 A#13
#1=#1+2
END1
G00 Z100
M30
```

(3) 编程零点在工件左端面中心点（图9-6）时的程序

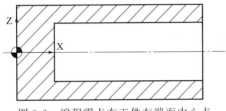

图9-6 编程零点在工件左端面中心点

程序如下：

```
O1
M06 T1
G90 G54 G00 X35 Y0
M3 S800
G43 H1 Z100
Z30
G81 Z5 F120
G80 Z100
;
M06 T2
G90 G54 G00 X55 Y0
M3 S1600
G43 H2 Z100
Z30
G01 Z21 F30
#1=0
WHILE [#1 LE 360] DO1
#11=20*COS[#1]
#12=20*SIN[#1]
#13=360*#12/[3.14*50]
X#11 A#13
```

```
#1=#1+2
END1
G00 Z100
M30
```

提示：注意对刀方式的变化。

9.2 槽轮加工

图 9-7 是某槽轮的零件图。

扫码看视频：9.2 节案例

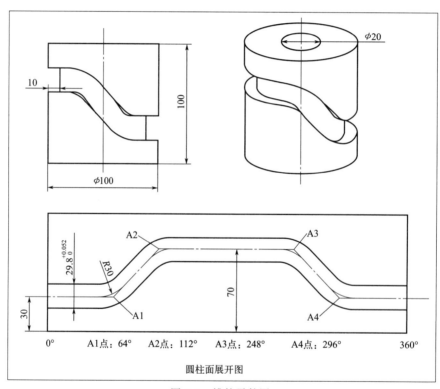

图 9-7 槽轮零件图

（1）工艺过程

① 毛坯：已经车削至 φ100×100，并车出 φ20 的孔。

② 刀具：φ24 铣刀、φ29.8 铣刀。

③ 工件零点：在工件左端面中心点（图 9-8，左端面和 A 轴的交点）。

（2）对刀方法

① X 轴对刀。主轴夹持标准棒，采用对刀棒中间过渡的方法，测量工件坐标系 X 值，见图 9-9。

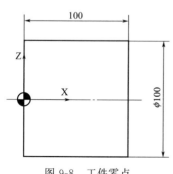

图 9-8 工件零点

② Y 轴对刀。主轴夹持标准棒，采用对刀棒中间过渡，

对 A、B 位置取中的方法，测量工件坐标系 Y 值，见图 9-10。

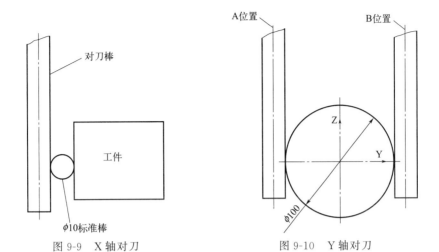

图 9-9　X 轴对刀　　　　　图 9-10　Y 轴对刀

③ Z 轴对刀（输入到对应的刀具长度补偿 H 中，G54 中 Z 值输入 0）。利用机床上已知坐标值的平面间接对刀，见图 9-11。

工作台表面坐标值可以测量；工件坐标系 Z 零点（回转台中心）和工作台距离 L 可以测量；标准块高度、对刀棒直径已知。

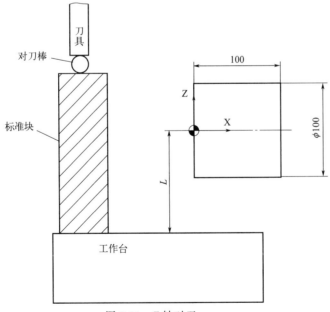

图 9-11　Z 轴对刀

(3) 方案 1

① 用 $\phi24$ 铣刀粗铣，用 $\phi29.8$ 铣刀精铣。

② 编程准备：计算展开图各点的坐标值，$R30$ 圆弧的夹角#1（图 9-12）。

注释：用宏程序插补 $R30$ 圆弧，并把 Y 坐标值转换成 A 轴的旋转角度。

③ 主程序：

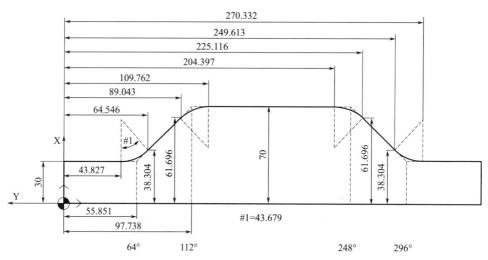

图 9-12 计算展开图各点的坐标值

```
O1
M06 T1                          (粗铣)
G90 G54 G00 M3 S350
G43 H1 Z100
G65 P101 F30
G00 Z100
;
M06 T2                          (精铣)
G90 G54 G00 M3 S300
G43 H2 Z100
G65 P101 F36
G00 Z100
M30
```

④ 子程序

```
O101
#5＝360/314.15926               (弧长对应的 A 轴角度)
G00 X30 Y0 A0
Z55
G01 Z40 F#9
A[43.827 * #5]
#1＝0
#2＝43
WHILE [#1 LE #2] DO1
    #11＝30 * [1-COS[#1]]＋30    (X 坐标值)
    #12＝30 * SIN[#1]＋43.827    (Y 坐标值)
    #13＝#12 * #5                (Y 坐标值转换成 A 轴角度)
```

```
    X#11 A#13
    #1=#1+1
END1
X38.304 A[64.546*#5]
X61.696 A[89.043*#5]
#1=43
#2=0
WHILE [#1 GE #2] DO1
    #11=70-30*[1-COS[#1]]
    #12=109.762-30*SIN[#1]
    #13=#12*#5
    X#11 A#13
    #1=#1-1
END1
A[204.397*#5]
#1=0
#2=43
WHILE [#1 LE #2] DO1
    #11=70-30*[1-COS[#1]]
    #12=30*SIN[#1]+204.397
    #13=#12*#5
    X#11 A#13
    #1=#1+1
END1
    X61.696 A[225.116*#5]
    X38.304 A[249.613*#5]
#1=43
#2=0
WHILE [#1 GE #2] DO1
    #11=30*[1-COS[#1]]+30
    #12=270.332-30*SIN[#1]
    #13=#12*#5
    X#11 A#13
    #1=#1-1
END1
    A360
    G00 Z100
    M99
```

⑤ 方案1分析：

优点：编程简单。

缺点：在精铣时必须使用符合公差要求的刀具。$\phi 29.8$ 铣刀需要定制，或用 $\phi 30$ 铣刀改制。而且当刀具直径较大时，需要的切削力也越大，会使加工时的振动增加，从而降低工艺系统的刚性。

（4）方案2

① 用 φ24 铣刀粗铣，用 φ24 铣刀精铣。

② 编程准备：当使用小直径刀具后，在铣削 R30 圆弧时，Y 轴必须给予一定的补偿（#7），保证刀具和零件的切点正确，见图 9-13、图 9-14。

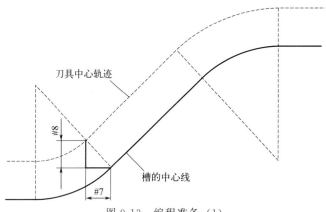

图 9-13　编程准备（1）

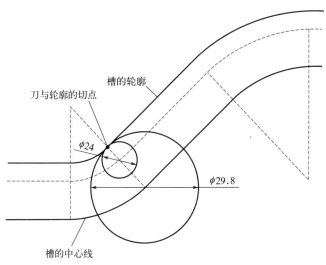

图 9-14　编程准备（2）

③ 主程序：

```
O1
M06 T1
G90 G54 G00 M3 S350
G43 H1 Z100 F30
G65 P101 R0          （粗铣）
G65 P101 R2.9        （精铣槽的上轮廓）
G65 P101 R-2.9       （精铣槽的下轮廓）
G00 Z100
M30
```

④ 子程序：

```
O101
#3=43.679
#7=#18*SIN[#3]
#8=#18*COS[#3]
#5=360/314.15926                    (弧长对应的A轴角度)
G00 X[30+#18] Y0 A0
Z55
G01 Z40
A[43.827*#5]
#1=0
#2=43
WHILE [#1 LE #2] DO1
    #11=[30-#18]*[1-COS[#1]]+[30+#18]    (刀具中心轨迹的X坐标值)
    #12=30*SIN[#1]+43.827                (槽中心线展开图的Y坐标值)
    #13=#12*#5                           (Y坐标值转换成A轴角度)
    #14=#18*SIN[#1]                      (Y坐标补偿)
    X#11 Y#14 A#13
    #1=#1+1
END1
X[38.304+#8]  Y#7  A[64.546*#5]
X[61.696+#8]  A[89.043*#5]
#1=43
#2=0
WHILE [#1 GE #2] DO1
    #11=[70+#18]-[30+#18]*[1-COS[#1]]
    #12=109.762-30*SIN[#1]
    #13=#12*#5
    #14=#18*SIN[#1]
    X#11 Y#14 A#13
    #1=#1-1
END1
#1=0
#2=43
WHILE [#1 LE #2] DO1
    #11=[70+#18]-[30+#18]*[1-COS[#1]]
    #12=30*SIN[#1]+204.397
    #13=#12*#5
    #14=-#18*SIN[#1]
    X#11 Y#14 A#13
    #1=#1+1
END1
X[61.696+#8]  Y-#7  A[225.116*#5]
X[38.304+#8]  A[249.613*#5]
```

```
#1=43
#2=0
WHILE [#1 GE #2] DO1
   #11=[30-#18]*[1-COS[#1]]+[30+#18]
   #12=270.332-30*SIN[#1]
   #13=#12*#5
   #14=-#18*SIN[#1]
   X#11 A#13 Y#14
   #1=#1-1
END1
A360
G00 Z100
M99
```

用户宏程序 O101 调用说明：

```
G65 P101 R2.9;
```

R 为理想刀具和实际刀具的半径差〔例如：(29.8－24)/2=2.9〕。

⑤ 方案 2 分析：

优点：可以使用标准铣刀、小直径的铣刀，通过改变刀具半径补偿的方式粗加工、半精加工、精加工。在产品试制时，可缩短工艺准备时间；在批量生产时，便于调整加工尺寸的精度。而且当刀具直径较小时，可明显降低加工时的振动，从而提高整个工艺系统的刚性。

缺点：编程较复杂。

9.3 偏心轴孔加工

图 9-15 是某偏心轴孔零件图。

扫码看视频：9.3 节案例

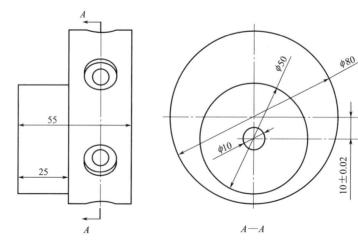

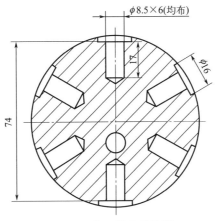

图 9-15　偏心轴孔零件图

(1) 工艺条件

① 毛坯 $\phi80\times55$、$\phi50\times25$ 圆台已车出。

② 刀具：$\phi8.5$ 钻头（T4）、$\phi16$ 铣刀（T2）。

③ 工件零点在工件左端面 $\phi50$ 中心点（图 9-16）。

④ 装夹找正：$\phi50$ 和 $\phi80$ 的中心都在同一条轴线上（图 9-17）。

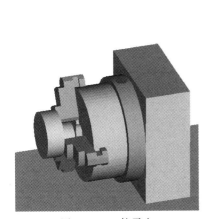

图 9-16　工件零点

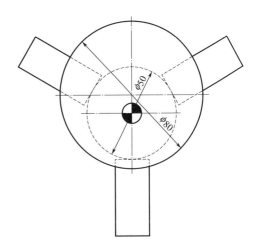

图 9-17　装夹找正

(2) 程序

```
O1
G90 G40 G17
M06 T4 (D8.5 钻头)
G90 G00 G54   X0 Y0 A0
M3 S500
G43   H4   Z150
N10   #1=90
#13=1                          (孔个数)
WHILE [#13 LE 6] DO1
```

```
#11=10*COS[#1]
#12=10*SIN[#1]
G52 X-115 Y#11 Z[#12+40] A-[#1-90]
G00 X0 Y0 A0
G81 G98 Z-24 R5 F100
G80 Z100
#13=#13+1
#1=#1-60
END 1
G90 G80 Z150

M06 T2（D16铣刀）
G90 G00 G54  X0 Y0  A0
M3 S500
G43  H4  Z150
N20  #1=90
#13=1
WHILE [#13 LE 6] DO1
#11=10*COS[#1]
#12=10*SIN[#1]
G52 X-115 Y#11 Z[#12+40] A-[#1-90]
G00 X0 Y0 A0
G81 G98 Z-3 R5 F100
G80 Z100
#13=#13+1
#1=#1-60
END 1
G90 G80 Z150
M30
```

提示：当装夹后，过φ50和φ80中心的线和Z轴不重合时，如图9-18，则要测量初始夹角#2，并修改程序中N10 #1=90为N10 #1=90+#2，N20 #1=90为N20 #1=90+#2。

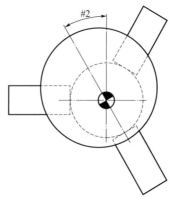

图9-18 测量初始夹角#2

9.4 箱体

图 9-19 是某箱体零件图。

(1) 工艺条件

① 毛坯：铸造毛坯，材质灰铁；基准面 A 已经铣成，两个 φ10 定位孔已经加工。

② 刀具：φ12 钻头（T1）；φ60 铣刀（T2）；φ23.6 钻头（T3）；φ24 精镗刀（T4）；φ6 钻头（T5）。

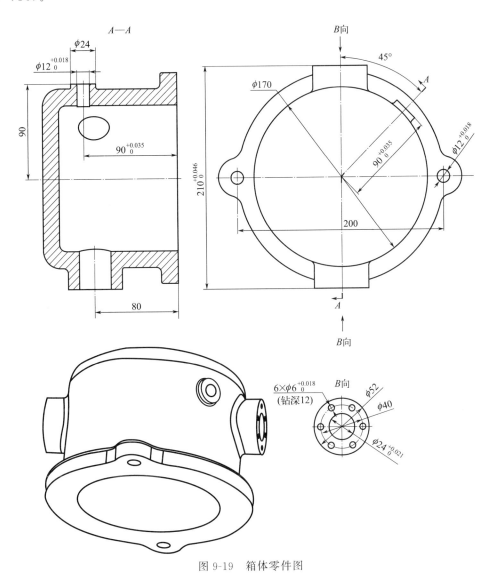

图 9-19 箱体零件图

(2) 工艺过程

① 采用专用工装装夹，一面两孔定位（图 9-20、图 9-21）。

② 旋转 A 轴，拉平工装上的两个 φ10 定位销（图 9-22）。

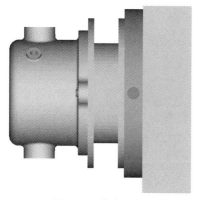

图 9-20　装夹（1）

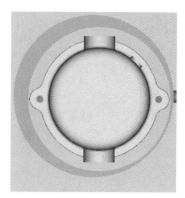

图 9-21　装夹（2）

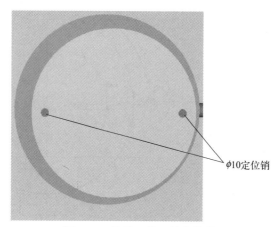

ϕ10定位销

图 9-22　拉平工装上的定位销

③ 工件零点在工装顶面和 A 轴的交点，测量结果如下（根据实际测量修改）：

X：－168.7；

Y：－201；

Z：－325.1；

A：31。

④ 测量左销钉中心点相对于工件零点的坐标位置，测量结果如下（图 9-23）：

X：0；

Y：130；

Z：20。

提示：当工装调整或重新安装后，只要测量左销钉中心点相对于工件零点的坐标位置，并计算 A、B、C 三点的坐标值，即可继续使用下面的程序加工。

⑤ 刀具长度补偿的测量

可参考前文，此处不再赘述。

⑥ 根据以上的对刀、测量结果，进行以下操作：

a. 计算各点在 G54 A0 状态下，各关键点在工件坐标系下的坐标位置（图 9-24）。

A 点坐标 X－90、Y－100、Z105。

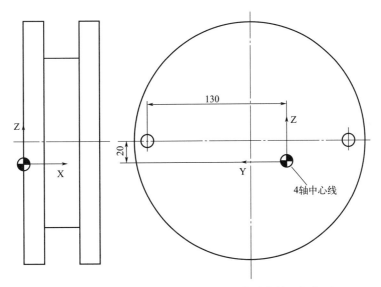

图 9-23 测量左销钉中心点相对于工件零点的坐标位置

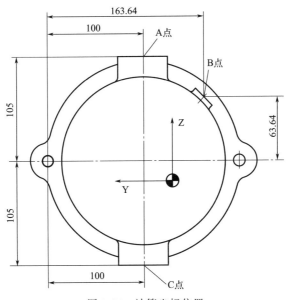

图 9-24 计算坐标位置

B 点坐标 X-163.64、Y-100、Z63.64。

C 点坐标 X-90、Y-100、Z-105。

b. 在 G54 A0 状态时，以 A 点为零点建立工件坐标系 G55。

c. 在 G54 A45 状态时，以 B 点为零点建立工件坐标系 G56。

d. 在 G54 A180 状态时，以 C 点为零点建立工件坐标系 G57。

(3) 程序

① 主程序：

```
O1
#1=-168.7                    (工件零点)
```

```
#2=-201
#3=-325.1
#4=31
G90
G65 P9015 Q55 A0 B#4 X-90 Y-100 Z105 I#1 J#2 K#3;
G65 P9015 Q56 A45 B#4 X-163.64 Y-100 Z63.64 I#1 J#2 K#3;
G65 P9015 Q57 A180 B#4 X-90 Y-100 Z-105 I#1 J#2 K#3;
;
M06 T02                    (D60 盘刀)
G90 G55 G00 X-60 Y0 A0
M3 S500
G43 H2 Z100
Z5
G01 Z0 F200
X0
G00 Z150                   (退刀安全高度一般要高一点,以避免刀、件干涉)
N20 G56 G00 X-50 Y0 A0
Z5
G01 Z0 F200
X0
G00 Z150
N30 G57 G00 X-60 Y0 A0
Z5
G01 Z0 F200
X0
G00 Z150

M06 T01                    (D12 钻头)
G90 G55 G00 X0 Y0 A0
M3 S500
G43 H1 Z100
Z5
G81 Z-50 F120
G80 Z150
N40 G56 G00 X0 Y0 A0
Z5
G81 Z-45
G80 Z150
N50 G57 G00 X0 Y0 A0
Z5
G81 Z-50
G80 Z150


M06 T03                    (D23.6 钻头)
```

```
G90 G55 G00 X0 Y0 A0
M3 S300
G43 H3 Z100
Z5
G81 Z-50 F60
G80 Z150
N60 G57 G00 X0 Y0 A0
Z5
G81 Z-50
G80 Z150

M06 T04                    (D24 精镗刀)
G90 G55 G00 X0 Y0 A0
M3 S1200
G43 H4 Z100
Z5
G81 Z-50 F60
G80 Z150
N70 G57 G00 X0 Y0 A0
Z5
G81 Z-50
G80 Z150

M06 T05                    (D6 钻头)
G90 G55 G00 X0 Y0 A0
M3 S300
G43 H5 Z100
Z5
G81 Z-12 F60 K0
G65 P8003 X0 Y0 D40 A0 B60 K6
G80 Z150
N80 G57 G00 X0 Y0 A0
Z5
G81 Z-12 K0
G65 P8003 X0 Y0 D40 A0 B60 K6
G80 Z150
M30
```

② "坐标变换" 用户宏程序：

```
O9015                (A 轴旋转后，建立新的工件坐标系)
#11=#25*COS[#1]-#26*SIN[#1]+#5
#12=#25*SIN[#1]+#26*COS[#1]+#6
G10 L2 P[#17-53] A[#1+#2] X[#24+#4] Y#11 Z#12
M99
```

用户宏程序 O9015 的调用说明：

```
G65 P9015 Q55 A_ B_ X_ Y_ Z_ I_ J_ K_;
```

Q_：工件坐标系名称（如 G55、G56、G57）。
A_：A 轴旋转角度。
B_：A 轴初始角度。
X_：在 A0 状态下的 X 坐标初始位置。
Y_：在 A0 状态下的 Y 坐标初始位置。
Z_：在 A0 状态下的 Z 坐标初始位置。
I_：编程零点 X 坐标值。
J_：编程零点 Y 坐标值。
K_：编程零点 Z 坐标值。
提示：对于标准 4 轴机床，通常把机床零点设在第四轴的回转中心上，此时可省略 I、J、K。

③ "圆周阵列" 用户宏程序：

```
O8003                    (圆周阵列孔加工)
#101=1
    WHILE [#101 LE #6] DO1
        #102=[#7/2]*COS[45+#101*#2-#2]+X#24
        #103=[#7/2]*SIN[45+#101*#2-#2]+Y#25
        X#122 Y#103
        #101=#101+1
    END1
M99
```

用户宏程序 O8003 的调用说明：

```
G65 P8003 X_ Y_ D_ A_ B_ K_
```

X：分布孔中心坐标的 X 坐标值。
Y：分布孔中心坐标的 Y 坐标值。
D：分度圆直径。
A：第一个孔的角度。
B：孔间夹角。
K：分布孔的加工个数。

9.5 圆柱类零件快速找中心

在卧式加工中心经常采用"一面两孔"方式进行零件的定位。在回转工作台上，安装工装后，定位销的中心点相对于工作台回转中心的坐标偏置，通常采用 4 点分中法，当定位销远离工作台中心时，则会出现超程问题，本案例采用 3 点找中心的宏程序，则可以根据定位销钉的位置，采用最小行程快速完成"找中"。此程序也可用于盘类大型零件的快速找中。

完成图9-25中，φ30圆柱销的孔心相对于工作台中心的坐标差值。

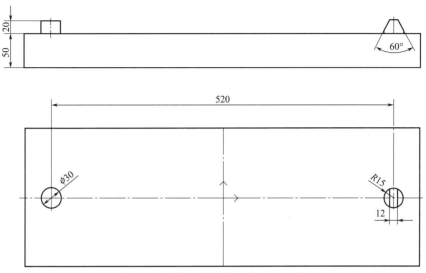

图9-25 圆柱类零件快速找中心案例

(1) 用户宏程序

```
O9016
IF [#3EQ#0] GOTO10
IF [#1EQ#0] GOTO20
IF [#2EQ#0] GOTO30
IF [#7EQ#0] GOTO40
        #3000=800                       (不连续)
N10 IF [#7EQ#0] GOTO101
        IF [#2EQ#0]   GOTO102
        #3000=800                       (不连续)
N20  IF [#7EQ#0]   GOTO103
        IF [#2EQ#0]   GOTO104
        #3000=800                       (不连续)
N30  IF [#1EQ#0]   GOTO104
        IF [#3EQ#0]   GOTO102
        #3000=800                       (不连续)
N40  IF [#1EQ#0]   GOTO104
        IF [#3EQ#0]   GOTO103
        #3000=800                       (不连续)
N101   #11=#2/2
        #12=#1-#11
        G10 L2 P1 X#11 Z#12 Y#25
        GOTO200
N102   #12=#1/2
        #11=#12-#7
```

```
                G10 L2 P1 X#11 Z#12 Y#25
                GOTO200
N103    #12=-#3/2
        #11=#12+#2
        G10 L2 P1 X#11 Z#12 Y#25
        GOTO200
N104    #11=-#7/2
        #12=-#11-#3
        G10 L2 P1 X#11 Z#12 Y#25
        GOTO200
N200
M99
```

使用说明：

① 分别用 A 代表"B0"位置测量结果，B 代表"B90"位置测量结果，用 C 代表"B180"位置测量结果，D 代表"B270"位置测量结果（图 9-26）。

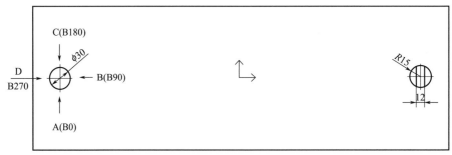

图 9-26 测量结果示意

② 只能沿 ABCD 方向，连续选择三点进行测量。例如 ABC 或 BCD、CDA、DAB。

(2) 操作过程

① 首先，沿 X 轴拉平圆柱销的侧面（图 9-27）

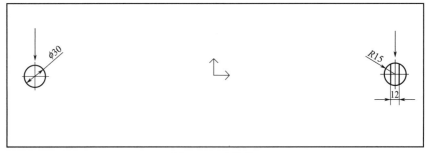

图 9-27 步骤①

② 在第一个点（本案例为 A 点），百分表沿 X 轴移动，寻找到圆柱销最高点后，百分表清零，机床相对坐标系 Z 轴清零。而后在第二个点（本案例为 B 点），寻找到圆柱销最高点后，移动 Z 轴，直到指针指向 0，记下 Z 轴相对坐标值（假设为 10）。然后在第三个点

（本案例为 C 点）继续相同的操作，并记下 Z 轴相对坐标值（假设为 -30），见图 9-28。

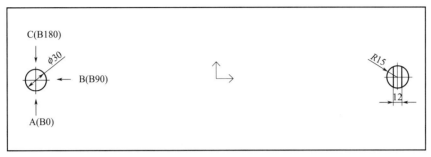

图 9-28　步骤②

③ 执行主程序 O1，φ30 圆柱销的孔心相对于工作台中心的坐标值会直接写入工件坐标系 G54。

```
O1
G65  P9016  B10  C-30    （A点已清零,所以省略）
M30
```

扫码看视频：**9.5 节案例**

第 10 章

数控车削加工案例

10.1 椭圆加工案例一

本案例零件图见图 10-1。

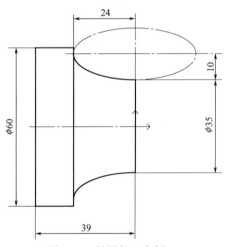

图 10-1 椭圆加工案例一

(1) 编程分析

在生产中会遇到椭圆的加工，因为本例的椭圆 X 方向不是从零点开始的，所以我们编程时需注意，在编写 X 坐标时要算上初始圆的直径。椭圆的表达公式有标准方程和参数方程两种，因此编程方式也有两种。第一种方式（标准方程）是采用 Z 坐标为变量，Z 坐标由 0 开始到 −24 结束；第二种方式（参数方程）是采用角度为变量，角度由 90°开始到 0°结束。

扫码看参考视频

(2) 程序 1（标准方程）

O1
G99

```
M3 S800
T0101
G0 X65 Z3
G71 U1.5 R0.5
G71 P1 Q3 U0.5 W0.1 F0.2
N1G0 X35
G1 Z0
#1=24                                      (长半轴)
#2=10                                      (短半轴)
#3=0                                       (Z 从 0 开始)
#4=0.1                                     (Z 方向每次变化 0.1)
N2#5=2*#2*SQRT[1-[#3*#3]/[#1*#1]]          (X 坐标推导公式)
G1 X[55-#5] Z[#3]                          (X 坐标由椭圆圆心坐标减去上面推导出来的数值)
#3=#3-#4
IF[#3GE-#1] GOTO2
X60
Z-39
N3 X65
G00 X65 Z3
G70 P1 Q3 F0.1
G0 X100 Z100
M05
M30
```

(3) 程序 2（参数方程）

```
O1
G99
M3 S800
T0101
G0 X65 Z3
G71 U1.5 R0.5
G71 P1 Q3 U0.5 W0.1 F0.2
N1 G0 X35
G1 Z0
#1=24                  (长半轴)
#2=10                  (短半轴)
#3=90                  (从 90°开始)
#4=1                   (每次变化 1°)
N2#5=#1*COS[#3]        (Z 坐标)
#6=2*#2*SIN[#3]        (X 坐标)
G1 X[55-#6] Z[-#5]F0.2
#3=#3-#4
IF[#3GE0]GOTO2
X60
```

```
         Z-39
         N3 X65
         G00 X65 Z3
         G70 P1 Q3 F0.1
         G0 X100 Z100
         M05
         M30
```

10.2 椭圆加工案例二

本案例零件图见图 10-2。

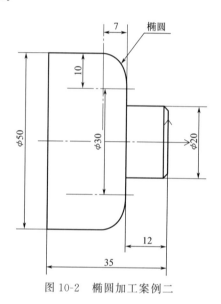

图 10-2 椭圆加工案例二

（1）编程分析

在实际生产中也会遇到立椭圆的加工，它与一般椭圆的区别就是在编程时把长半轴看成 X，短半轴看成 Z，变量还是 Z。因为这个图形的椭圆 Z 方向也不是从零点开始的，所以我们编程时需注意，在编写 Z 坐标时要算上初始 Z 坐标。第一种方式（标准方程）是采用 Z 坐标为变量，Z 坐标由 7 开始到 0 结束；第二种方式（参数方程）是采用角度为变量，角度由 0°开始到 90°结束。

（2）程序 1（标准方程）

```
         O1
         G99
         M3 S800
         T0101
         G0 X55 Z3
         G71 U1 R0.5
         G71 P1 Q3 U0.5 W0.1 F0.2
```

扫码看参考视频

```
N1 G0 X18
G1 Z0
X20 Z-1
Z-12
X30
#1=7                        (短半轴)
#2=10                       (长半轴)
#3=7                        (Z从7开始)
#4=0.1                      (Z方向每次变化0.1)
N2#5=2*#2*SQRT[1-[#3*#3]/[#1*#1]]
G1 X[#5+30] Z[#3-#1-12]
#3=#3-#4
IF[#3GE0]GOTO2
Z-35
N3 X55
G00 X55 Z3
G70 P1 Q3 F0.1
G0 X100 Z100
M05
M30
```

(3) 程序2（参数方程）

```
O1
G99
M3 S800
T0101
G0 X55 Z3
G71 U1 R0.5
G71 P1 Q3 U0.5 W0.1 F0.2
N1 G0 X18
G1 Z0
X20 Z-1
Z-12
X30
#1=7                        (短半轴)
#2=10                       (长半轴)
#3=0                        (从0°开始)
#4=1                        (每次变化1°)
N2#5=#1*COS[#3]             (Z坐标)
#6=2*#2*SIN[#3]             (X坐标)
G1 X[#6+30] Z[#5-#1-12]F0.2
#3=#3+#4
IF[#3LE90]GOTO2
Z-35
```

```
N3 X55
G00 X55 Z3
G70 P1 Q3 F0.1
G0 X100 Z100
M05
M30
```

10.3 抛物线加工案例一

本案例零件图见图 10-3。

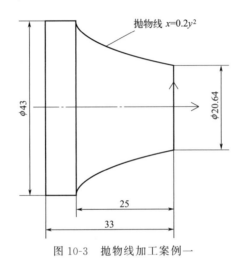

图 10-3 抛物线加工案例一

(1) 编程分析

抛物线跟椭圆的标准方程宏程序编写类似,就是设定两个坐标中的一个为自变量,另外一个坐标根据公式推导出来。那么具体到 10-3 这个图形,我们可以把 Z 坐标作为自变量,Z 坐标从 25 开始到 0 结束,再通过已知公式推导出 X 坐标,在上面这个公式中,X 指的是 Z 坐标,Y 代表 X 坐标,由此公式可推导出 X 坐标。但要注意两点,一是推导出的 X 坐标是半径值,二是实际编程时要用抛物线中心 X 坐标减去推导出的 X 坐标。

(2) 程序

```
O1
G99
M3 S800
T0101
G0 X45 Z3
G71 U1.5 R0.5
G71 P1 Q3 U0.5 W0.1 F0.2
N1 G0 X20.64
G1 Z0
#1=25                    (抛物线 Z 方向从 25 开始)
```

扫码看参考视频

```
#2=0.2                    (每次变化 0.2)
N2#5=2*SQRT[#1/0.2]       (X 坐标推导公式)
G1 X[43-#5] Z[#1-25]
#1=#1-#2
IF[#1GE0]GOTO2            (抛物线 Z 到 0 结束)
Z-33
N3 X45
G00 X55 Z3
G70 P1 Q3 F0.1
G0 X100 Z100
M05
M30
```

10.4 抛物线加工案例二

本案例零件图见图 10-4。

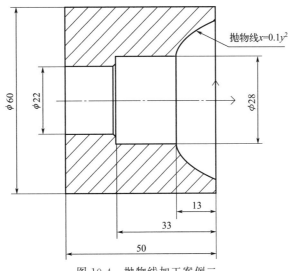

图 10-4 抛物线加工案例二

(1) 编程分析

这个抛物线的编程跟图 10-3 的编程思路一样,但是要注意编程时的 X 坐标与图 10-3 的区别,图 10-3 是减去推导出来的坐标值,而本例是加上。

(2) 程序

```
O1
G99
M3 S800
T0404
G0 X20 Z3
```

```
G71 U1.5 R0.5
G71 P1 Q3 U-0.5 W0.1 F0.2
N1 G0 X20
G1 Z0
#1=13
#2=0.1
N2#5=2*SQRT[#1/0.1]
G1 X[28+#5] Z[#1-13]
#1=#1-#2
IF[#1GE0]GOTO2
Z-33
X24
X22 Z-34
Z-50
N3 X20
G00 X20 Z3
G70 P1 Q3 F0.1
G0 X100 Z100
M05
M30
```

10.5 梯形螺纹加工

本案例零件图见图 10-5。

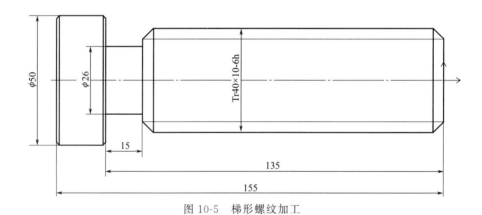

图 10-5 梯形螺纹加工

(1) 编程分析

由于图 10-5 这个梯形螺纹螺距较大，不能采用直进法直接加工完成。我们采用切槽刀加工，先加工直槽再用槽刀左右加工梯形螺纹的两侧斜面。两侧加工斜面时 X 方向作为自变量，Z 方向坐标利用三角函数的正切公式推导计算出来。

(2) 编程思路图解（图 10-6）

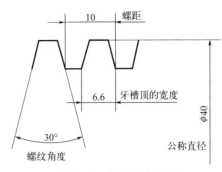

图 10-6　编程思路图解

(3) 程序

```
O1
G99
M3 S800
T0101
G0 X45 Z5
#1=0                              （直进切直槽时 X 方向深度从 0 开始）
#2=5.5                            （梯形螺纹深度）
#3=0.2                            （直进切直槽时 X 方向每次切削深度）
#5=0                              （车右侧斜面时的 X 方向从 0 开始）
#8=0                              （车左侧斜面时的 X 方向从 0 开始）
#9=10                             （螺距）
#10=3                             （切刀刀宽）
#11=6.6                           （牙槽顶的宽度）
#12=40                            （公称直径）
#13=5                             （螺纹 Z 方向开始坐标）
#14=30                            （螺纹角度）
N10 G0 X[#12-2*#1]
G32 Z-130 F[#9]
G0 X45
Z5
#1=#1+#3
IF[#1LE#2] GOTO10
N20 #6=#5*TAN[#14/2]              （车右侧斜面时的 Z 方向坐标）
G0 X[#12-2*#5] Z[#13+[#11-#10]/2-#6]
G32 Z-130 F[#9]
G00 X45
Z5
#5=#5+0.1
IF[#5LE#2] GOTO20
N30 #15=#8*TAN[#14/2]             （车左侧斜面时的 Z 方向坐标）
G0 X[#12-2*#8] Z[#13-[#11-#10]/2+#15]
```

```
G32 Z-130 F[#9]
G00 X45
Z5
#8=#8+0.1
IF[#8LE#2] GOTO30
G00 X100 Z100
M05
M30
```

10.6 圆柱面上的圆弧螺纹加工

本案例零件图见图10-7。

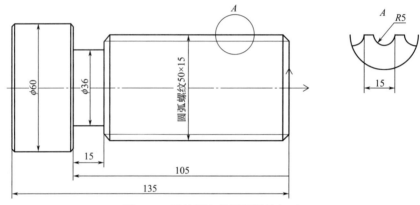

图 10-7　圆柱面上的圆弧螺纹加工

(1) 编程分析

由于图 10-7 这个圆弧螺纹螺距较大，不能采用直进法直接加工完成。我们采用方法是先用切槽刀加工直槽，再用 R2 的球刀从右往左利用三角函数拟合加工出 R5 的圆弧螺纹。角度为自变量，利用三角函数推导计算出 X、Z 的坐标，角度从 0°～180°每次变化 3°，由 R2 拟合出 R5 的圆弧。拟合圆弧时一次车成吃刀太大，通过变化半径的方式分成两次加工完成。

(2) 编程思路图解（图 10-8）

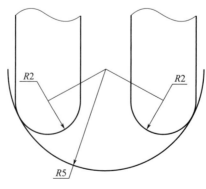

图 10-8　编程思路图解

(3) 程序

```
O1
G99
M3 S800
T0202
G0 X4 5Z5
#1=0                              (切直槽时 X 方向从 0 开始)
#2=4.8                            (切直槽的深度)
#3=0.2                            (切直槽时每刀切深)
#5=0                              (粗切圆弧螺纹开始角度)
#9=15                             (螺距)
#10=2                             (球刀半径)
#11=5                             (圆弧螺纹半径)
#12=50                            (公称直径)
#13=5                             (螺纹 Z 方向开始坐标)
#14=180                           (切圆弧螺纹结束角度)
#23=0                             (精切圆弧螺纹开始角)
#24=3                             (切圆弧螺纹每次变换角度)
N10 G0 X[#12-2*#1]
G32 Z-90 F[#9]
G0 X55
Z5
#1=#1+#3
IF[#1LE#2] GOTO10
G0 X100 Z100
T0303
G0 X55 Z5
N20 #6=[#11-#10]/2*COS[#5]        (切圆弧螺纹时 Z 坐标推导公式)
#7=[#11-#10]/2*SIN[#5]            (切圆弧螺纹时 X 坐标推导公式)
G0 X[#12-2*#10-2*#7] Z[#13+#10+#6]
G32 Z-90 F[#9]
G00 X55
Z5
#5=#5+#24
IF[#5LE#14] GOTO20
G0 X55 Z5
N30 #21=[#11-#10]*COS[#23]
#22=[#11-#10]*SIN[#23]
G0 X[#12-2*#10-2*#22] Z[#13+#10+#21]
G32 Z-90 F[#9]
G00 X55
Z5
#23=#23+#24
IF[#23LE#14] GOTO30
```

```
G00 X100 Z100
M05
M30
```

10.7 椭圆面上的圆弧螺纹加工

本案例零件图见图 10-9。

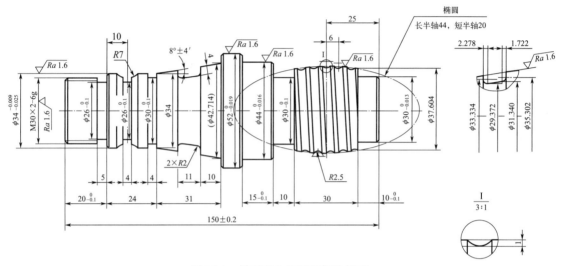

图 10-9 椭圆面上的圆弧螺纹加工

(1) 编程分析

图 10-9 这个圆弧螺纹是在椭圆面上，编程时除了要考虑球刀顺着圆弧变化进刀外，还要考虑加工螺纹时需要走刀的路线是椭圆。这样就会用到宏程序嵌套，加工椭圆的宏程序要嵌套到圆弧的变化中去。因为对刀使用的是球刀球心对刀，所以在编写椭圆程序刀具的椭圆运动轨迹时，长短半轴要加上刀具半径。

(2) 编程思路图解（图 10-10）

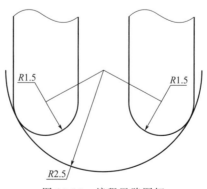

图 10-10 编程思路图解

(3) 程序

```
O1
G99
M08
T0101
M03 S500
G00 X50 Z5
X30
G1 Z-10 F0.1
#1=15                                           (Z方向椭圆从15开始)
N2 #2=SQRT[44*44-#1*#1]*20/44                   (X坐标推导公式)
#3=#2*2                                         (X坐标)
#4=#1-15                                        (Z坐标)
G01 X#3 Z[#4-10] F0.2
#1=#1-0.1                                       (Z方向每次变化0.1)
IF[#1GE-15] GOTO2
G1 Z-50
X50
G0 Z100
T0202
M3 S500
G0 X50 Z5
Z-43
G1 X30
Z-50
X50
G0 Z100
T0303
M03 S400
G00 X50 Z10
#1=0                                            (从0°开始变化)
N20 #2=2*SIN[#1]                                (角度变化X推导公式)
#3=COS[#1]                                      (角度变化Z推导公式)
#4=50-#2                                        (定位点X坐标)
#5=5+#3                                         (定位点Z坐标)
G00 X[#4]
Z[#5]
#11=20                                          (Z方向螺纹从20开始)
N30 #12=SQRT[45.5*45.5-#11*#11]*21.5/45.5       (X坐标推导公式)
#13=#12*2                                       (椭圆推导出X坐标)
#14=#11-25                                      (椭圆推导出Z坐标)
#15=#13-#2                                      (螺纹加工X坐标)
#16=#14+#3                                      (螺纹加工Z坐标)
```

```
G32 X[#15] Z[#16] F8          (螺纹加工)
#11=#11-0.2                    (Z方向每次变化0.2)
IF[#11GE-20] GOTO30
G00 X50
Z10
#1=#1+5                        (角度每次变化5°)
IF[#1LT160] GOTO20
G00 X100
Z5
M05
M30
```

10.8 圆弧面上的圆弧螺纹加工

本案例零件图见图10-11。

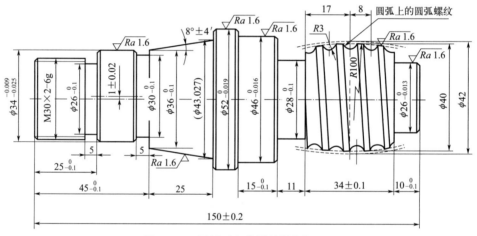

图10-11 圆弧面上的圆弧螺纹加工

(1) 编程分析

图10-11这个圆弧螺纹是在圆弧面上,编程时除了要考虑球刀顺着圆弧变化进刀外,还要考虑加工螺纹时需要走刀的路线是圆弧。这样就会用到宏程序嵌套,加工圆弧螺纹的宏程序要嵌套到圆弧的变化中去。因为对刀使用的是球刀球心对刀,所以在编写圆弧程序刀具的圆运动轨迹时,半径要加上刀具半径。

(2) 程序

```
O1234
G99
M3 S600
T0101
G00 X50 Z5
G73 U12 R6
```

```
G73 P1 Q2 U0.5 W0.1 F0.2
N1 G00 X24
G01 Z0
X26 Z-1
Z-10
X37
G03 X37 Z-44 R100
G01 Z-55
X44
X46 Z-56
Z-70
N2 X50
T0101
M03 S1000
G00 X50 Z5
G70 P1 Q2 F0.1
G00 X100 Z100
T0202
G00 X42 Z5
Z-47
G75 R0.5
G75 X28 Z-55 P1500 Q2500 F0.07
G00 X100 Z100
T0303
M3 S200
G0 X50 Z5
G32 X50 Z5 F8
#1=20                        (R1.5的球刀加工R3的圆弧从20°开始变化)
N10 #2=3*SIN[#1]             (角度变化X推导公式)
#3=1.5*COS[#1]               (角度变化Z推导公式)
#4=42-#2                     (定位点X坐标)
#5=-5+#3                     (定位点Z坐标)
G32 X#4 Z#5 F8               (用G32定位)
G03 X#4 Z[-45+#5] R101.5 F8  (加工螺纹)
G32 X60 F8                   (返回定位点也使用G32)
G32 Z-5 F8                   (返回定位点也使用G32)
#1=#1+5                      (每次变化5°)
IF[#1LT130] GOTO10           (变化到130°结束)
G00 X70
Z5
M09
M30
```

10.9 异形螺纹加工

本案例零件图见图10-12。

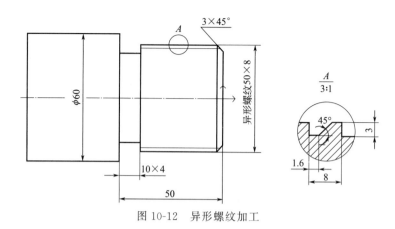

图 10-12 异形螺纹加工

(1) 编程分析

图 10-12 这个螺纹的牙形是单边 45°角的异形螺纹,我们采用 35°角的菱形刀片加工。编程思路是深度先车 0.1mm,然后轴向加工至螺纹牙宽;深度再切深 0.1mm,轴向再每次加工 0.2mm 至牙宽;依此类推,将牙底和牙形加工到尺寸。

(2) 编程思路图解 (图 10-13)

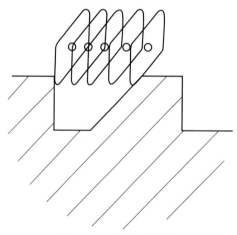

图 10-13 编程思路图解

(3) 程序

```
O1
G99
T0101
M3 S400
G00 X61 Z3
G71 U1.5 R0.5
G71 P1 Q2 U0.5 W0.1 F0.2
N1 G00 X44
G01 Z0
X50 Z-3
```

```
Z-50
N2 X61
G00 X100 Z100
M05
M00
T0101
M03 S1000
G00 X61 Z3
G70 P1 Q2 F0.1
G00 X100 Z100
T0202
M03 S600
G00 X52 Z3
Z-43
G75 R0.5
G75 X42 Z-50 P1500 Q2500 F0.07
G00 X100 Z100
T0101
M03 S300
M08
G00 X60 Z10
#1=0                              (螺纹牙深从0开始)
N2#2=0                            (螺纹牙槽宽度从0开始)
N1G00 X[50-2*#1] Z[10-#2-#1]      (螺纹开始定位点)
G32 Z-45 F8                       (加工螺纹)
G00 X60                           (X方向退刀)
Z10                               (Z方向回定位点)
#2=#2+0.2                         (螺纹牙槽宽度每次变化0.2)
IF[#2LE[4.6-#1]] GOTO1            (判断公式)
#1=#1+0.2                         (螺纹牙深每次切0.2)
IF[#1LE3] GOTO2                   (判断公式)
G00 X100 Z100
M30
```

10.10　外圆封闭螺旋线

本案例零件图见图10-14。

(1) 编程分析

图10-14是个大导程封闭螺旋线，我们采用R1.2的成型圆弧刀加工。编程思路是车刀切进工件后不抬刀，每次切深0.15mm。切进0.15后，轴向加工到-18不抬刀再回到-6，然后进刀0.15mm轴向来回加工，直到深度加工完成后再抬刀。这个在编程时需要注意的地方有两点：第一个是螺距，因为是封闭螺旋所以编程的螺距是(18-6)×2=24。第二个是加工时的进退刀都使用G32指令（螺纹指令）螺距也是24。

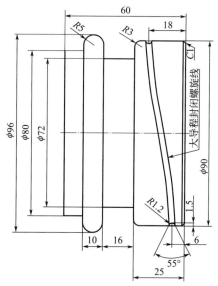

图 10-14 外圆封闭螺旋线

(2) 程序

```
O1
G99
T0303
M3 S300
M 08
G00 X91 Z10
G32 Z-6 F24              (螺纹 Z 方向定位)
X90.3                    (螺纹 X 方向定位)
#1=90                    (螺纹 X 方向从 90 开始加工)
N1 G32 X[#1] F24         (加工螺纹 X 方向进刀)
Z-18                     (螺纹 Z 方向加工)
Z-6
#1=#1-0.15               (螺纹 X 方向每次加工 0.15)
IF[#1 GE 87] GOTO1       (螺纹 X 方向到 87 结束加工)
G32 X100 F24             (螺纹加工完成 X 方向退刀)
G0 Z100
M09
M30
```

10.11 变螺距螺纹（等槽宽）

本案例零件图见图 10-15。

(1) 编程分析

图 10-15 是等槽宽的变螺距螺纹，我们使用 3mm 宽的切槽刀加工。编程思路是 X 方向

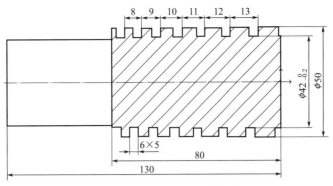

图 10-15 变螺距螺纹（等槽宽）

共加工 8mm 深，分 4 层加工，每次 2mm。螺纹槽底宽 5mm，分三次加工，第一次 3mm 切刀加工，另两次每次 1mm。变螺距的实现是通过计算螺纹从 8 变到 14，每圈螺距的变化量为 1，变化量加上初始的螺距 8 就实现了变螺距。

（2）程序

```
O1234
G99
M03 S100
T0202
M08
G00 X55 Z5
#1=48                    (X 方向从 48mm 开始加工)
N1 G00 Z8                (Z 向定位)
X#1                      (X 向定位)
#2=0                     (槽底变化从 0 开始)
N2 #3=5+#2               (槽底变化后 Z 向坐标)
G01 Z#3 F0.2             (槽底变化后 Z 向定位)
X#1                      (槽底变化后 X 向定位)
#4=7                     (螺距从 7 开始变化)
N3 G32 W[-#4] F[#4]      (加工螺纹)
#4=#4+1                  (螺距每次变化 1mm)
IF[#4LE15] GOTO3
G00 X55
Z5
#2=#2+1                  (槽底每次变化 1mm)
IF[#2LE2] GOTO2
#1=#1-2                  (X 方向每次变化 2mm)
IF[#1GE42] GOTO1
G00 X100
Z100
M05
M09
M30
```

附 录

FANUC 0i 系统常用代码

附录 1　FANUC 0i 系统常用 G 代码

G 代码	组	功能	G 代码	组	功能
G04	00	暂停	G94	05	分进给
G08		先行控制	G95		转进给
G09		准确停止	G20	06	英寸
G10		可编程数据输入	G21		毫米
G11		可编程数据输入方式取消	G40	07	取消刀具半径补偿
G28		返回参考点	G41		刀具半径左补偿
G30		返回第二参考点	G42		刀具半径右补偿
G31		跳转功能	G43	08	刀具长度补偿
G52		局部坐标系设定	G44		负向刀具长度补偿
G53		选择机床坐标系	G49		取消刀具长度补偿
G65		宏程序调用	G73	09	断屑钻孔循环
G92		设定工件坐标系	G74		左旋攻螺纹循环
G00	01	快速定位	G76		精镗孔循环
G01		直线插补	G80		取消孔加工循环
G02		顺时针圆弧/螺旋插补	G81		钻孔循环
G03		逆时针圆弧/螺旋插补	G82		带暂停钻孔循环
G17	02	选择 XY 平面	G83		排屑钻孔循环
G18		选择 ZX 平面	G84		右旋攻螺纹循环
G19		选择 YZ 平面	G85		镗孔循环
G90	03	绝对值编程	G86		精镗孔循环
G91		增量值编程	G87		背镗孔循环
G22	04	存储行程检测功能有效	G98	10	返回初始点
G23		存储行程检测功能无效	G99		返回 R 点

续表

G 代码	组	功能	G 代码	组	功能
G50	11	比例缩放取消	G58	14	选择工件坐标系 5
G51		比例缩放有效	G59		选择工件坐标系 6
G66	12	宏程序模态调用	G61	15	准确停止方式
G67		宏程序模态调用取消	G64		切削方式
G54	14	选择工件坐标系 1	G68	16	坐标旋转
G55		选择工件坐标系 2	G69		坐标旋转取消
G56		选择工件坐标系 3	G15	17	极坐标质量取消
G57		选择工件坐标系 4	G16		极坐标指令

附录 2　FANUC 0i 系统常用 M 代码

M 代码	功能	M 代码	功能
M00	程序停止	M07	冷却液开
M01	选择停止	M08	冷却液开
M02	程序结束	M09	冷却液关
M03	主轴正转	M30	程序结束
M04	主轴反转	M98	调用子程序
M05	主轴停止	M99	返回调用程序
M06	换刀		

附录 3　FANUC 0i 系统其他常用代码

代码	功能	代码	功能
S	主轴转速	V	辅助坐标轴 V
T	刀具功能	W	辅助坐标轴 W
F	进给速度	I	X 轴分矢量
H	刀具长度补偿	J	Y 轴分矢量
D	刀具半径补偿	K	Z 轴分矢量
X	坐标轴 X	O	程序名
Y	坐标轴 Y	L	子程序调用次数
Z	坐标轴 Z	N	行号
A	旋转轴 A	P	子程序调用
B	旋转轴 B	Q	孔加工循环参数
C	旋转轴 C	R	孔加工循环参数
U	辅助坐标轴 U	E	孔加工循环参数

参 考 文 献

[1] 斯密德. FANUC数控系统用户宏程序与编程技巧. 罗学科, 赵玉侠, 刘瑛, 等译. 北京: 化学工业出版社, 2007.